天然气文集

2021 年下卷

马新华　主　编

魏国齐　李熙喆　李　剑　贾爱林　郑得文　副主编

石油工业出版社

内 容 提 要

本文集主要围绕天然气工业的发展，报道天然气工业各领域的法律法规、政策与管理、战略规划，旨在反映我国在天然气工业所取得的科技进步与成就，探讨所面临的挑战和相应的对策。内容包括：天然气地质与勘探、天然气开发与开采、天然气储层改造、新能源与可再生能源、天然气储存与运输、国外天然气工业发展动态、天然气工业的回顾与展望。

图书在版编目（CIP）数据

天然气文集. 2021 年. 下卷 / 马新华 主编. —北京：

石油工业出版社，2022.1

ISBN 978-7-5183-5195-4

Ⅰ. ①天… Ⅱ. ①马… Ⅲ. ①采气-文集 Ⅳ. ①TE37-53

中国版本图书馆 CIP 数据核字（2021）第 277210 号

出版发行：石油工业出版社

（北京安定门外安华里 2 区 1 号　100011）

网　　址：www. petropub. com

编辑部：（010）64523589

图书营销中心：（010）64523633

经　　销：全国新华书店

印　　刷：北京晨旭印刷厂

2022 年 1 月第 1 版　2022 年 1 月第 1 次印刷

889×1194 毫米　开本：1/16　印张：9.5

字数：280 千字

定价：80.00 元

《天然气文集》编委会

目次

天然气文集

2021年下卷

天然气地质勘探

柴达木盆地深层天然气富集条件及勘探潜力

田继先，李　剑，王　波，李森明，周　飞，朱　军，沙　威　1

鄂尔多斯盆地东北部海相地层轻质油的发现及勘探启示

张春林，牛小兵，刘新社，邢凤存，范立勇，郝爱胜　13

塔里木盆地柯坪水泥厂剖面蓬莱坝组热流体改造作用　张　静，张宝民，景秀春，宋金民　26

电成像测井在复杂构造区页岩气储层评价中的应用　董振国　37

川中—川北地区侏罗系正断层特征及其地质意义

苏　楠，陈竹新，王丽宁，杨　威，杨春龙，王志宏，

金　惠，莫午零，马雪莹，张　豪　52

四川盆地焦石坝地区五峰组—龙马溪组页岩层序地层划分及含气性预测——以JY-2井为例

刘天娇，张妍煜，赵迪斐　60

川南渝西大足区块五峰组页岩小尺度沉积构造系统分类与解析——兼论对深层页岩精细评价影响

张妍煜，魏　源，康维旗　68

天然气开发与开采

扶余浅层油田环保隐患井治理及预防关键技术　韩永恒，何增军，宋成立，马胜军　75

致密砂岩和页岩气藏水力裂缝形态及主控机制分析

付海峰，才　博，庚　勐，贾爱林，问晓勇，

梁天成，张丰收，严玉忠，修乃岭　80

英台火山碎屑岩致密气藏产能微观影响因素分析 ············· 张国一，王志文，李忠诚 95

顶气边水油藏考虑油气界面稳定下的采油速度研究 ····································· 岳宝林 100

储气库研究

我国废弃煤矿改建地下储气库的可行性及潜力分析 ········· 朱华银，武志德，张 敏，孟 芳 108

盐穴储气库运行参数设计及稳定性评价研究 ················· 武志德，刘冰冰，李 康，石 磊 115

吐哈温吉桑储气库岩石力学特性实验研究 ········· 石 磊，孙军昌，李 春，孟 芳，武志德 123

盐穴储气库安全性评价软件开发及应用 ········· 刘冰冰，武志德，丁国生，孟 芳，何成海 130

科研管理

气密封检测设备及工具问题与解决方法 ········· 雷齐松，王 星，张秀丽，尹东宇，张 晶，李天时 136

浅谈基层科研管理信息化应用及探索 ········· 乔 韵，胡 兰，冯 迪，谢 宇，吴若楠 140

Natural Gas
2021 No.2

Contents

NATURAL GAS GEOLOGY AND EXPLORATION

Accumulation Conditions and Exploration Potential of Deep Natural Gas in Qaidam Basin

Tian Jixian, Li Jian, Wang Bo, Li Senming, Zhou Fei, Zhu Jun, Sha Wei   1

Discovery of Light Oil in the Marine Strata, Northeastern Ordos Basin and Its Exploration Enlightenment

Zhang Chunlin, Niu Xiaobing, Liu Xinshe, Xing Fengcun, Fan Liyong, Hao Aisheng   13

Thermal Fluid Modification of Penglaiba Formation at Keping Cement Plant Profile in Tarim Basin

Zhang Jing, Zhang Baomin, Jing Xiuchun, Song Jinmin   26

Application of Electrical Imaging Logging in Evaluation of Shale Gas Reservoirs in Complex Structural Areas

Dong Zhenguo   37

Features of Normal Faults in Jurassic in Central−Northern Sichuan Basin and Its Geological Significance

Su Nan, Chen Zhuxin, Wang Lining, Yang Wei, Yang Chunlong,

Wang Zhihong, Jin Hui, Mo Wuling, Ma Xueying, Zhang Hao   52

Sequence Stratigraphic Division and Gas Bearing Prediction of Shale Strata from Wufeng Formation to

Longmaxi Formation in the Jiaoshiba Area, Sichuan Basin: Taking JY−2 Well as an Example

Liu Tianjiao, Zhang Yanyu, Zhao Difei   60

Systematic Classification and Analysis of Small−scale Shale Sedimentary Structure in Wufeng Formation

in Dazu block, Southern Sichuan and Western Chongqing: Discussion of the Influence of Fine Evaluation

of Deep Shale   Zhang Yanyu, Wei Yuan, Kang Weiqi   68

NATURAL GAS DEVELOPMENT AND PRODUCTION

Key Technology of Treatment and Prevention for Hidden Danger Wells in Environmental Protection in Fuyu Shallow

Oilfield   Han Yongheng, He Zengjun, Song Chengli, Ma Shengjun   75

Natural Gas
2021　No.2

Contents

Analysis of Hydraulic Fracture Morphology and Main Controlling Mechanism in Tight Sand and Shale Gas Reservoir

Fu Haifeng, Cai Bo, Geng Meng, Jia Ailin, Wen Xiaoyong, Liang Tiancheng,

Zhang Fengshou, Yan Yuzhong, Xiu Nailing　80

Analysis of Micro Affecting Factors on Productivity of Tight Gas Reservoir in Yingtai Pyroclastic

Zhang Guoyi, Wang Zhiwen, Li Zhongcheng　95

Study on Oil Recovery Rate of Top Gas and Edge Water Reservoir Considering Oil-gas Interface Stability

Yue Baolin　100

RESEARCH ON GAS STORAGE

Feasibility and Potential Analysis of Rebuilding Underground Gas Storage from Abandoned Coal Mines in China

Zhu Huayin, Wu Zhide, Zhang Min, Meng Fang　108

Study on Operation Parameter Design and Stability Evaluation of Salt Cavern Gas Storage

Wu Zhide, Liu Bingbing, Li Kang, Shi Lei　115

Experimental Study on Rock Mechanical Properties of Wenjisang Gas Storage, Tuha Oilfield

Shi Lei, Sun Junchang, Li Chun, Meng Fang, Wu Zhide　123

Development and Application of Software for Evaluating Salt Cavern Gas Storage Safely

Liu Bingbing, Wu Zhide, Ding Guosheng, Meng Fang, He Chenghai　130

SCIENTIFIC RESEARCH MANAGEMENT

Problems and Solutions of Testing Equipment and Tools for Air Tight Seal

Lei Qisong, Wang Xing, Zhang Xiuli, Yin Dongyu, Zhang Jing, Li Tianshi　136

Application and Exploration of Informationization to Basic-level Scientific Research Management

Qiao Yun, Hu Lan, Feng Di, Xie Yu, Wu Ruonan　140

柴达木盆地深层天然气富集条件及勘探潜力

田继先[1]，李　剑[1]，王　波[2]，李森明[3]，周　飞[2]，朱　军[2]，沙　威[2]

1 中国石油勘探开发研究院，河北廊坊 065007；2 中国石油青海油田公司勘探开发研究院，

甘肃敦煌 736200；3 中国石油杭州地质研究院，浙江杭州 310000

摘　要：为了明确柴达木深层天然气勘探潜力，基于地震、地质及钻井等多种资料，综合分析了柴达木盆地深层天然气藏的富集条件，指出了深层天然气有利勘探方向。结果表明，柴达木盆地深层具备形成大型气田的成藏条件，在柴北缘和柴西深层分别发育侏罗系和古近系两套优质气源，演化程度高，生气能力强；柴北缘深层发育基岩和古近系碎屑岩储层，柴西深层发育古近系湖相碳酸盐岩储层，多种类型储层平面上分布广泛，纵向上组成多套储盖组合，发育原生孔、溶蚀孔及裂缝等多种孔隙类型，为深层气藏富集提供了广阔储存空间；持续发育的深大断裂为沟通深层气源提供了优质运移通道；深层构造形成期与天然气生气期匹配良好，深层烃源岩具有早生烃、持续生烃特征，同时早期生成的液态烃在后期深埋过程中高温裂解成气，生气能力强，深层资源潜力大；盆地深层广泛发育的盐岩、泥质岩层及异常高压层有利于深层天然气保存。综合认为，柴达木盆地深层气藏富集于断裂发育的生烃凹陷周围圈闭中，柴北缘山前古隆起基岩、腹部构造带古近系碎屑岩和柴西环英雄岭构造带碳酸盐岩是深层天然气勘探有利区。

关键词：深层气藏；富集条件；勘探潜力；湖相碳酸盐；柴达木盆地

Accumulation Conditions and Exploration Potential of Deep Natural Gas in Qaidam Basin

Tian Jixian[1], Li Jian[1], Wang Bo[2], Li Senming[3], Zhou Fei[2], Zhu Jun[2], Sha Wei[2]

1 PetroChina Research Institute of Petroleum Exploration & Development, Langfang, Hebei 065007, China; 2 Exploration and Development Research Institute of PetroChina Qinghai Oilfield Company, Dunhuang, Gansu 736200, China; 3 PetroChina Hangzhou Research Institute of Geology, Hangzhou, Zhejiang 310000, China

Abstract: In order to clarify the exploration potential of deep natural gas in Qaidam Basin, based on seismic, geological and drilling data, the enrichment conditions of deep natural gas reservoir in Qaidam Basin are comprehensively analyzed from the aspects of source rock, reservoir, structure and reservoir formation, and the favorable exploration direction of deep natural gas is defined. The results show that two sets of high-quality gas sources of Jurassic and Paleogene are developed in the deep layer of Qaidam Basin, with high degree of evolution and strong gas generation capacity. Three types of reservoirs including bedrock, clastic rock and lacustrine carbonate are developed in the deep layer, and many types of pores such as primary pores, dissolution pores and fractures are developed, which provides a broad storage space for the enrichment of

基金项目："十四五"中国石油天然气股份有限公司前瞻性基础性技术攻关项目"不同类型大气田（区）成藏主控因素及领域评价"（2021DJ0605）和中国科学院战略性先导科技专项（A 类）"深层油气形成与分布预测"（XDA14010403）。

第一作者简介：田继先，1981 年生，男，博士，高级工程师，主要从事天然气地质方面研究。

邮箱：tjx69@ petrochina. com. cn

通信作者简介：李剑，1966 年生，男，博士，正高级工程师，主要从事天然气地球化学与油气成藏方面研究。

邮箱：lijian69@ petrochina. com. cn

deep gas reservoirs; The multi-stage tectonic activities developed the faults in the basin, formed a variety of dredging systems dominated by faults, and provided a high-quality channel for gas migration. Qaidam source rock has the characteristics of early and multi-stage filling, and the structural formation period matches the natural gas generation period. In particular, the crude oil generated in the early stage is conducive to deep buried cracking and gas generation in the later stage, with strong gas generation capacity and great resource potential. The widely developed salt rock, argillaceous rock and abnormally high pressure layer in the deep layer of the basin are conducive to the preservation of deep natural gas. The traps around the hydrocarbon generating sag developed by deep and large faults are favorable areas for deep natural gas accumulation. The deep layers of Piedmont paleouplift, abdominal structural beltin the north margin of Qaidam and Yingxiongling structural belt in West Ring of Qaidam are favorable exploration directions for deep natural gas.

Key words: deep gas reservoir; accumulation condition; exploration potential; lacustrine carbonate; Qaidam Basin

深层—超深层是天然气储量增长的重要领域，一般认为埋深超过4500m的层系为深层领域，我国在塔里木、鄂尔多斯、四川等盆地深层发现了多个大型气田，展现了深层油气勘探的广阔前景[1]。柴达木盆地天然气资源丰富，含气构造多、类型丰富（生物气、煤型气、油型气和混合气），柴达木盆地自1954年开始油气勘探，历经60多年艰苦工作，已发现涩北一号、涩北二号、台南、马海、东坪、牛东、尖北、开特米里克等多个油气藏，盆地累计探明天然气地质储量3938×10^{8}m^3，但总体上以埋深在3500m以上的浅层为主，探明率仅12.2%，整体处于勘探早期[2]。近年来，在北缘东坪、尖顶山、昆特依构造带基岩及英中湖相碳酸盐岩中获得工业气流，埋深超过4500m，在盆地腹部多个构造的深层5000m以下见到良好油气显示，证实柴达木盆地深层具备形成深层气藏的成藏地质条件。

前人及笔者对柴达木盆地已发现气藏成藏等方面有一定研究[3-10]，认为柴北缘发育侏罗系湖相淡水煤系烃源岩，演化程度控制了天然气平面分布，东坪及马仙等构造气藏以基岩及碎屑岩储层为主，圈闭紧邻生烃凹陷，为典型源外成藏。柴西以古近系咸化湖相烃源岩为主，天然气以油型气为主，油气同出，点多面广，纯气藏少，发育湖相碳酸盐岩孔缝储层，具有自生自储成藏特征。总体上柴达木盆地深层天然气勘探和研究程度较低，对于全盆地深层天然气成藏条件、资源潜力及勘探方向等方面研究相对薄弱。比如柴北缘深层是否发育优质储盖组合？多期构造活动条件下是否具备良好封盖条件？柴西以油田为主，深层是否具备形成规模气田条件？深层有利勘探方向是什么？等等。本文在前期研究基础上[11-14]，结合最新钻井及地质资料，分析了柴达木盆地深层气藏形成的有利地质条件，预测了有利勘探方向，以期为柴达木盆地天然气勘探领域的突破提供技术支持。

1 地质背景

柴达木盆地位于青藏高原北部（图1），是典型的中—新生代内陆湖相沉积盆地，四周受昆仑山、祁连山和阿尔金山所夹持[2]。受晚喜马拉雅运动等多期构造运动影响，发育多排挤压走滑作用形成的大型构造带，柴北缘发育祁连山隆起带、阿尔金山前隆起带、马仙隆起带和腹部构造带，柴西发育昆仑山前带、环英雄岭构造带和中央古隆起带三大构造带，形成了数量众多的背斜、断背斜等构造圈闭，圈闭面积大，数量多。柴北缘主力烃源岩层为中下侏罗统煤系烃源岩，埋深和演化程度从山前到盆地腹部逐渐增加，钻井及地震预测厚度达100~2000m。柴北缘储层以基岩和上覆碎屑岩为主，基岩包括花岗岩、变质岩等，新近系发育河流—三角洲相—湖泊沉积体系，河流相砂岩和泥质岩互层组成良好的储盖组合，发现了冷湖、马北、牛东砂岩背斜油气藏和东坪、尖顶山等基岩断背斜气藏，深层发现了昆2井、碱山基岩、冷湖七号下干柴沟组上段砂岩等含气构造，表明柴北缘具备形成深层气藏的成藏条件。柴西以咸化湖相烃源岩为主，受湖盆演化迁移影响，柴西南以下干柴沟组上段（E_3^2）烃源岩为主，而柴西北发育新近系的上干柴沟组

（N_1）烃源岩，也是柴西富烃凹陷主力烃源岩，山前演化程度低，而柴西腹部演化程度高，具有生烃强度大、分布面积广的特征。受咸化沉积环境影响，昆仑山前和阿尔金山前以新近系砂岩油藏为主，而柴西湖盆腹部广泛发育湖相碳酸盐岩沉积，面积大、单层厚度薄、纵向叠置，储层以裂缝和溶孔为主，是目前油气勘探重点领域，已发现了英西、大风山等自生自储和下生上储油气藏。虽然柴西以石油勘探为主，但多个构造带发现了天然气显示，特别是英中、黄瓜茆及开特地区多口井见到工业气流，证实柴西不但是富油凹陷，同时也是天然气勘探重要接替领域。

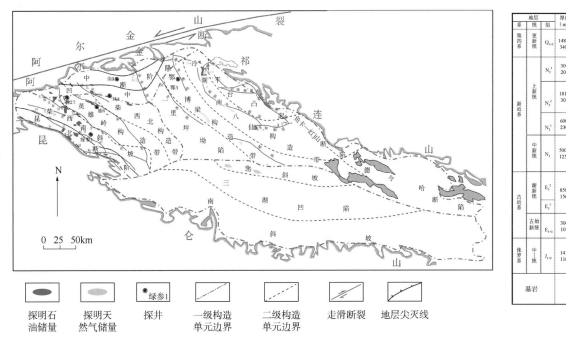

图1　柴达木盆地构造分区及综合柱状图（据文献[5]修改）

2 深层天然气富集条件

2.1 广泛分布的高成熟度烃源岩为深层气藏提供优质气源条件

深层是否发育优质气源是形成深层气藏的基础，勘探已证实，柴西天然气主要来源于古近系咸化湖盆烃源岩，而柴北缘天然气主要来源于中—下侏罗统煤系烃源岩。侏罗系烃源岩分布广，厚度达100~2000m，岩性上侏罗系烃源岩以深灰色、灰黑色泥岩为主，部分层段含煤，泥岩有机碳含量平均为1.3%~2.7%[15]。绝大部分埋深在4500m以上，R_o主要分布于0.5%~2.0%，演化程度从山前到盆地腹部逐渐增加（图2），盆地腹部R_o在1.5%以上，处于生气阶段，生气强度大，资源量接近$8303.4×10^8m^3$，气源充足。天然气地球化学分析表明，已发现气藏的天然气碳同位素偏重，成熟度偏高，主要来自于深层侏罗系高演化阶段生成的天然气[4]。在纵向上，深层天然气藏成熟度比浅层气藏成熟度低，表明深层气藏具有早捕

获、早成藏特征。总体上，除过祁连山前外，腹部广泛分布的侏罗系烃源岩演化程度高，处于生气阶段，生烃能力强，具备形成深层大气田的基础条件。

与侏罗系烃源岩相比，柴西古近系烃源岩总体埋深较浅，目前发现了大量油田，但近年来在英雄岭地区发现了多个气藏，表明其具备形成天然气藏条件。受湖盆迁移影响，柴西主要发育 E_3^2 和 N_1 两套咸化湖相优质烃源岩，两套烃源岩具有纵向上叠置，平面上互补特征。大量岩心样品实验分析，发现柴西古近系—新近系咸化湖相烃源岩有机碳含量整体低于国内其他盆地淡水湖相烃源岩，TOC 含量一般小于 1%，柴西南有机质类型以 II_1 和 II_2 型为主，而柴西北区 III 型干酪根发育。柴西咸化湖相烃源岩产烃潜量远高于相同 TOC 含量的淡水湖相烃源岩，因此虽然有机质丰度较低，但生烃潜力较大[16-17]。总体上，热演化成熟度具有自西向东、由南向北逐渐增加的趋势，在盆缘区烃源岩埋藏较浅，演化程度较低，以生油为主；但在盆地腹部，演化程度高，生气能力强。主力生气层下干柴沟组上段（E_3^2）烃源岩具有厚度大、分布广的特点，烃源岩面积达 $1.2 \times 10^4 km^2$，R_o 分布范围为 $0.26\% \sim 2.0\%$（图2），在柴西腹部 R_o 达到 1.3% 以上，达到生气阶段，具备形成深层大气田的物质条件。近年来发现的英中狮新 58 井 E_3^2 碳酸盐岩气藏埋深在 5300m 以上，证实该套烃源岩能够为深层气藏的形成提供优质气源条件。

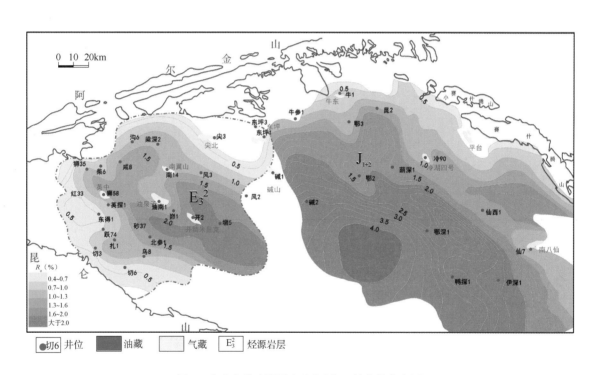

图2　柴达木盆地深层主力气源 R_o 等值线分布图

2.2 多类型储层为深层气藏富集提供了储存空间

深层储层是否发育是天然气藏能否富集的关键因素之一，深部岩石的原生孔隙随埋深增大而大幅减少，但次生孔隙的发育可为深层气藏富集提供优质储集空间。勘探证实，柴达木盆地深层气藏主要为碎屑岩、湖相碳酸盐岩和基岩，其中柴西腹部深层主要为 E_3^2 和 N_1 湖相碳酸盐岩储层，柴北缘盆地腹部深层主要为古近系（E_3^2—N_1）砂岩储层，而阿尔金山前和祁连山前主要为基岩储层。

柴北缘深层主要发育基岩和碎屑岩两类有利储盖组合：第一种为基岩风化壳储层，与上覆泥岩组成良好的储盖组合。柴北缘基底受燕山运动影响，长期处于隆升状态，受风化、剥蚀、淋滤等作用时间长，从而具备形成大面积分布基岩缝洞型储集体的条件[18]。广泛分布的基岩储层经后期深埋与上覆泥质岩形成了有效配置。勘探证实，不同岩性基岩均发育有效储层，形成裂缝和溶蚀孔缝双重储集空间(图3)。目前发现的东坪17井区、尖顶山及昆特依深层气藏储层便是基岩储层，岩性以花岗闪长岩、变质岩为主，基岩储集空间类型主要包括溶蚀缝、溶蚀孔和构造缝等，孔隙度为2%～5%，渗透率小于1mD。研究表明，基岩储层物性在纵向上受埋深影响小，深层储集空间保存良好，有效储层纵向分布超过500m，横向变化不大，分布稳定。基岩储层在阿尔金山前、祁连山前及马仙隆起带广泛分布，是北缘深层天然气勘探主要类型，勘探潜力巨大。

第二种为砂岩储层与泥质岩组成的储盖组合，包括古近系和侏罗系内部砂泥岩组合，主要分布在柴北缘腹部深层。柴北缘新生界主要以河流—三角洲—湖泊沉积体系为主(图4)，砂岩粒度粗、厚度大且横向分布稳定[19]。古近系大面积分布的三角洲平原相砂岩与湖泛期的泥岩叠置互层，形成了广覆式分布的储盖组合(图5)。该套储层在南八仙地区具有极好的储层物性，原生孔隙发育，随着埋深增加及成岩作用的增强，深层主要发育次生孔隙，形成了原生孔隙、次生孔隙及混合孔隙等多种类型的储集空间。柴北缘昆2井在深层6616m发现了孔隙度达10%左右的溶蚀孔(图3)，而仙西1井在深层发现了保存良好的原生粒间孔隙，埋深在4800m以上，但孔隙度达10%以上，渗透率在1mD以上，表明深层具备形成优质储层的条件。

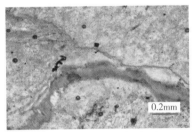

东坪17井，4559.75m，钙质片岩，溶蚀缝，(－)×100

尖探1井，4648.3m，花岗闪长岩，溶蚀孔，（－）×100

尖北101井，4752.98，花岗闪长岩，裂缝，(－)×100

昆2井，6616.00m，长石岩屑砂岩，粒内溶蚀孔，（－）×100

仙西1井，4852.07米，细—中粒岩屑长石砂岩，原生孔，（－）×100

昆2井，6622.00m，长石岩屑砂岩，粒内溶蚀孔，（－）×100

狮25-3井，4660.9m，泥晶灰岩，溶蚀孔，（－）×100

砂新2井，4889.66m，灰云岩，（－）×100

岿1井，4123.3m，藻灰岩，溶蚀孔，（－）×100

图3　柴达木盆地深层储集空间特征图

柴西古近系 E_3^2 和 N_1 湖相碳酸盐岩主要分布在英雄岭构造带及以北地区，分布面积约为 8000km²，与古近系泥岩和盐岩组成良好的储盖组合。柴西古近系以来，柴西湖盆整体处于相对稳定构造阶段，湖盆范围逐渐扩大，受咸化环境影响，在柴西腹部陆源碎屑输入量减小，沉积速率低[21]，湖平面逐渐扩大并形成相对稳定、含氧充足的沉积环境，有利于碳酸盐岩的发育，基本环凹广泛分布(图4)。主要发育灰云坪、藻席和滩坝等有利微相，储层主要以泥晶灰云岩为主，包含部分砂屑灰云岩和藻灰岩，与泥质烃源岩互层叠置，有利于近源聚集成藏。晶间孔、溶蚀孔、角砾化孔洞和裂缝为主要储集空间类型，具有双重孔隙介质特征[20]。基质孔隙以晶间孔和溶蚀孔为主，分布广泛，扩大了油气储存空间(图3)。除了基质孔隙外，英西地区还发育多级别裂缝，裂缝一般有微裂缝，规模分布不均匀。也有裂缝和基质孔隙相邻发育。孔缝复合输导往往复

合控制油气运聚，由基质缝+基质孔+裂缝等构成。目前柴西钻至4500m以下的井取心较少，但从英西取心物性统计来看，大孔隙度分布范围为 6.0% ~ 15.2%，中值为 7.8%，平均孔隙度为 8.3%。岩心分析渗透率变化范围为 0.0001 ~ 40.2mD，中值为 0.05mD，平均为 0.56mD。虽然整体为致密储层，但部分地区溶孔及微裂缝发育，可形成优质储层，特别是英中地区见到 TSR 作用形成的高含硫化氢气藏，表明该地区具备 TSR 溶蚀条件[21-22]。英中地区狮新 58 井在 5502 ~ 5514m 获得高产工业气流，高产、稳产效果好，成像测井显示，狮新 58 井储层孔洞发育程度明显好于英西地区，表明深层具备形成优质碳酸盐岩储层。总之，柴西深层碳酸盐岩储层在全区呈大面积薄层分布，纵向多层叠置(图5)，储层非均质性强，为深层大面积碳酸盐岩气藏富集提供了有利的储层条件。

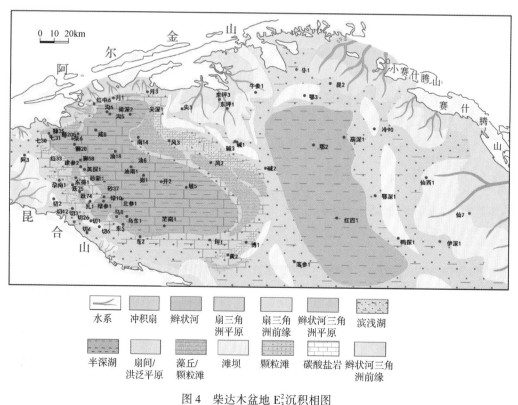

水系　冲积扇　辫状河　扇三角洲平原　扇三角洲前缘　辫状河三角洲平原　滨浅湖

半深湖　扇间/洪泛平原　藻丘/颗粒滩　滩坝　颗粒滩　碳酸盐岩　辫状河三角洲前缘

图4　柴达木盆地 E_3^2 沉积相图

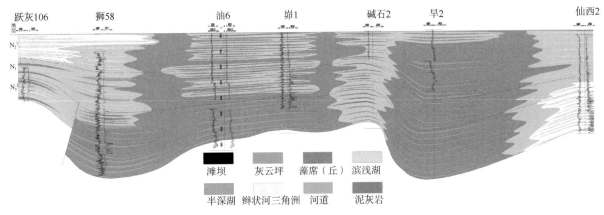

图5 柴西—柴北缘 E_3^2—N_2^1 连井沉积相图

2.3 深层广泛分布多类型构造圈闭，有利于深层气藏的富集

柴达木盆地受燕山、喜马拉雅等多期构造运动影响[23-24]，深层发育潜伏构造、大型背斜、断背斜及构造—岩性等多类型构造圈闭。其中不同构造带发育圈闭类型有所差异，柴北缘的赛什腾凹陷、昆特伊凹陷及坪东凹陷深层以潜伏构造为主；此类圈闭形成早，具有古圈闭特征，有利于油气早期捕获成藏；这也是深层基岩气藏相对于浅层天然气成熟度较低的主要原因，昆2井、东坪17井区深层气藏便是此类型（图6）。此类圈闭在柴北缘数量多、面积大，是深层天然气勘探的重要类型。柴北缘腹部构造带深层及柴西环英雄岭构造带则以晚期大型背斜圈闭为主（图6），圈闭构造幅度大，分布范围广，主要形成于晚喜马拉雅运动之后；因此以晚期成藏为主，此类圈闭在柴西及柴北缘腹部广泛发育，仙西1井及狮新58井所钻遇气藏为此类型圈闭。在柴北缘祁连山前带、阿尔金山前带及马仙断裂下盘深层发育受断裂控制的断背斜圈闭，目的层主要以基岩为主；此类圈闭紧邻深层断裂，在山前带广泛分布，圈闭形成早，处于油气长期运移方向上，成藏条件优越，阿尔金山前尖北气藏及坪西气藏为此类型气藏。总之，受晚喜马拉雅运动影响，柴达木盆地深层构造圈闭数量多、面积大；目前已发现油气藏主要分布

在构造圈闭中，勘探以浅层圈闭为主，深层勘探程度低，资源潜力巨大。

2.4 多种输导体系为深层天然气运移提供优质通道

深层烃源岩埋深大，柴达木盆地深层烃源岩埋深大，距储层远，比如柴北缘伊北凹陷生烃中心最深达15000m，因此输导体系是否发育成为深层气成藏的重要因素。受晚喜马拉雅运动影响，柴达木盆地发育以深大断裂为主的多种输导体系，包括断层、不整合、砂层及裂缝等；目前已发现的深层气藏都分布在断裂附近，表明断裂对于深层气藏的具有重要作用。

从目前已发现的深层气藏来看，主要有两种输导模式：第一种是断层加不整合输导模式，此类输导体系主要发育在北缘山前盆缘古隆起区，由于古隆起区长期处于凹陷高部位，远离生气中心，深层凹陷内生成的天然气依靠深大断裂和不整合面运移至圈闭聚集。目前柴北缘已发现的深层尖探1、牛新1及昆2等气藏便属于此类型（图5），储层以风化作用强的基岩为主，由于古隆起长期处于油气运移方向上，因此此类运移模式也是深层天然气勘探的重要类型。第二种是深、浅两套断裂叠加输导模式，深层断裂沟通气源，浅层断裂接力运移至附近圈闭聚集成藏。该类型主要分布在柴北缘的鄂博梁—冷湖构造带，烃源岩埋深大，而目的层为浅层构造圈闭，因此需要深、浅两套断裂沟通深部气

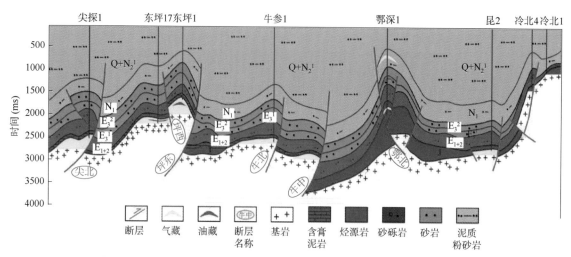

图 6　柴北缘阿尔金山前复式隆起带油气藏地质剖面图

源。柴北缘早期深层断裂均有控凹作用，侏罗系烃源岩沿着深层断裂分布，而晚期浅层滑脱断层发育，有利于沟通深层天然气，目前已发现的仙西1及鄂博梁深层气藏为此类型。柴北缘盆地腹部圈闭面积大、分布数量多，此类型勘探潜力巨大。第三种类型为源内输导体系，主要是深层烃源岩生成天然气通过微裂缝及断裂等运移至附近圈闭聚集成藏

（图7），该类型主要分布在柴北缘侏罗系及柴西古近系，由于烃源岩离目的层近，源内断裂、微裂缝及砂体等输导层为深层气运移提供了优势运移通道。柴西狮新58气藏及昆2井侏罗系气藏便为此类型，柴西古近系及北缘侏罗系烃源岩分布广，源内多类型储层发育，因此该类型也是深层气藏勘探重点地区。

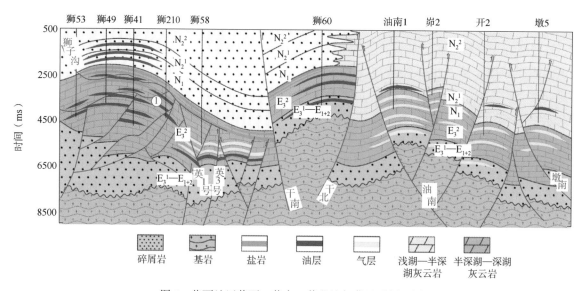

图 7　柴西地区英西—英中—英北油气藏地质剖面图

2.5 多期充注为深层气藏提供良好的源储匹配

通常情况下深层圈闭形成较早，主力生气期必须早于圈闭形成期才可形成深层气藏。烃源岩演化，柴北缘侏罗系烃源岩生烃时间早，具有早生

烃、持续生烃特征。烃源岩演化（图8）表明，盆地腹部的伊北凹陷侏罗系烃源岩在 E_{1+2} 沉积时期已具备生烃能力，在 E_3—N_1 沉积时期进入成熟阶段，达到生气油高峰期，而在 N_1 沉积末期进入大量生气阶段，R_o 已达到1.3%，现今为过成熟干气阶

段，R_o 在3.0%以上，因此具有早期生烃，持续生烃特征。对于柴北缘古隆起区，其长期处于油气运移方向上，有利于早期、多期充注成藏[13]。特别是早期侏罗纪烃源岩生成的油充注成藏早期古圈闭中，在后期深埋过程中，由于温度增加，早期原油可裂解成气藏，极大提高了深层天然气充注能力，目前已发现的深层尖北、东坪气藏属于此类型[13]。

北缘腹部构造带深层大型圈闭定型于晚喜马拉雅期，现今侏罗系深层高—过演化阶段生成的天然气依然能够为晚期深层构造提供优质气源。目前在晚期构造鄂博梁构造带发现了高演化成熟度天然气，证实来自于深层侏罗系烃源岩。总之，柴北缘构造带生烃期与深层构造形成期匹配良好，具备形成深层气田的优越条件。

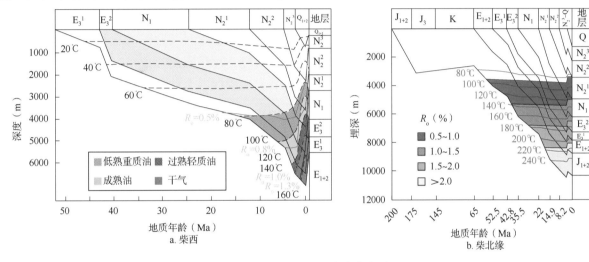

图8　柴达木盆地烃源岩演化史图

从柴西古近系—新近系烃源岩演化来看，柴西腹部主力烃源岩生烃较早，早期以生油为主，主要生气期为 N_2^3 以后，目前仍然处于成熟—高成熟阶段，生气能力强，具有典型晚期充注特征，而英雄岭等腹部构造带构造定型于 N_2^2 末，与生气期匹配。柴西地温梯度高，深层具备形成二次裂解气条件，早期生成的原油早晚期深埋过程中可裂解成天然气，从而为深层天然气成藏提供优越的源储配置关系。

2.6 多类型盖层为深层气藏保存提供良好的封盖条件

由于柴达木盆地晚期构造活动强烈，是否发育优质封盖条件是深层气藏成藏的重要因素，总体上柴达木盆地广泛发育的盐岩、泥质岩层及异常高压层有利于深层天然气保存。其中，柴北缘阿尔金山前 E_{1+2} 广泛发育膏泥岩，为下部基岩成藏提供了优

质盖层，东坪及尖北气藏便为此类型盖层(图6)。北缘祁连山前、鄂博梁等构造带深层主要以泥岩盖层为主，柴北缘滨浅湖—半深湖相泥岩分布广泛，有利于形成优质盖层，目前已发现的昆2井、仙西1等气藏都是以泥岩盖层为主。柴西咸化沉积环境影响稳定分布的大段盐岩层和广覆分布的滨浅湖—半深湖相泥岩层，形成了优质区域盖层(图7)。比如英雄岭地区盐岩分布广、厚度大，是英中地区形成高产工业气流的主要原因。除过膏岩外，以开特—黄瓜峁为代表的泥质盖层为深层气藏的保存提供了优质的封盖条件，特别是源储互层叠置型的配置中，泥岩的厚度和质量决定深层气藏的富集程度。除膏泥岩外，柴达木盆地广泛分布的异常高压同样为深层气藏的保存提供优质条件，超压不仅可以为油气运移提供动力，同时也可以阻止深层气藏向上运移，柴达木盆地受晚期快速沉积影响，深层广泛分布异常高压，钻井显示深层压力系数在1.5

以上，已发现的深层气藏都具有异常高压，表明异常高压对于深层气藏的保存具有重要作用。因此广泛发育的盐岩、泥质岩层及异常高压层有利于深层天然气保存。

3 深层有利勘探方向

柴达木盆地发育侏罗系和古近系两套优质气源，烃源岩分布广、埋深大、演化程度高，具备形成大气田的基础条件，多种输导体系，为深层天然气运移提供优质通道；深层多类型优质储层的规模发育为深层气藏的富集提供了广阔空间；柴达木盆地深层圈闭类型多，圈闭面积大，圈闭形成期与主力生气期匹配，有利于形成深层规模气藏；盆地广泛发育的盐岩、泥质岩层及异常高压层有利于深层天然气保存。综合认为，柴北缘山前古隆起、腹部构造带和柴西环英雄岭构造带深层是有利的深层天然气勘探方向。

3.1 北缘山前古隆起区

柴北缘山前古隆起以基岩储层为主，主要包括阿尔金山前、祁连山前及马仙古隆起深层，其浅层已发现多个油气藏，证实该领域成藏条件优越。古隆起区紧邻侏罗系生烃凹陷，断裂及不整合等输导体系发育，凹陷类生成的天然气在压差和浮力等多种作用下，自凹陷内部向古斜坡运移聚集(图5)。其中阿尔金山前包括东坪、尖顶山、牛中、昆特依等构造带，勘探范围广、圈闭数量多、面积大、勘探潜力广阔，是侏罗系煤型气勘探的重点领域。断层附近基岩中裂缝极为发育，为油气运移提供优良通道，同时也是地下水和有机酸的重要通道，极大改善了深层基岩的储集空间，这也是该地区深层基岩溶蚀孔及裂缝非常发育的主要原因。东坪、尖顶山及昆特依等构造深层多口井见到工业气流，证实该地区是深层天然气勘探的现实地区。祁连山前带紧邻冷湖及赛什腾生烃凹陷，侏罗系烃源岩演化程度高，具备较强生烃能力。祁连山前深层构造活动强烈，分布多种类型的圈闭，深层基岩及碎屑岩储层都有发育，特别是深层河流相砂岩发育，有利于形成优质储层。祁连山前深层勘探程度低，冷科1井及平台地区等见到较好的油气显示，表明该地区具备形成天然气的成藏条件。马仙古隆起区紧邻鱼卡凹陷和伊北凹陷，浅层已发现南八仙油气田和马北油气田，证实该地区具备较强生烃能力，该地区深层基岩储层与上覆古近系泥岩组成良好的储盖组合，深层圈闭面积大、数量多，资源潜力大，是深层天然气勘探的有利地区。总之，柴北缘古隆起深层圈闭形成早，离侏罗系凹陷近，具有早期成藏、多期成藏特点，为油气长期运移指向区。古隆起后期相对稳定，早期基岩储层与古近系—新近系泥岩组成良好的储盖组合，另外古隆起深层断裂不整合等输导体系的发育，使得山前带古隆起古斜坡上可发育大规模的深层构造—岩性气藏。

3.2 北缘腹部构造带

受晚喜马拉雅运动影响，柴北缘腹部主要以晚期大型背斜圈闭为主，圈闭面积大、幅度高，深层断裂发育，包括盆地腹部的鄂博梁Ⅱ号、Ⅲ号，以及冷湖六号、七号等构造(图9)。深层主要以碎屑岩储层为主，冷湖七号发育埋深较大的基岩储层。腹部构造带大型圈闭之下为伊北主力生烃凹陷，侏罗系烃源岩厚度大、分布广、成熟度高、生烃能力强。深层储层以碎屑岩为主，河流三角洲相砂岩储层发育，虽然深层碎屑岩储层成岩作用强，岩性致密，但受异常高压、溶蚀等作用影响，深层部分层段可发育好的储层。仙西1井在接近5000m储层中发现好的储层孔隙，孔隙度达10%，渗透率在1mD以上，昆2井在6616m侏罗系砂岩储层中发现了非常好的溶蚀孔(图3)，孔隙度达10%，证实深层碎屑岩储层勘探前景广阔。该地区虽然烃源岩埋深大，但深大断裂发育，伊北凹陷高—过成熟度烃源岩生成的天然气通过深大断裂沟通，可在深层大型背斜圈闭中聚集成藏。而且该领域圈闭幅度大，深层背斜完整，仙西1在深层 E_3^2 获得工业气流，鄂深1等井在深层4600m以下有良好的油气显示[7]，展示了晚期构造带深层具有良好的勘探前景，是深层天然气勘探的有利地区。

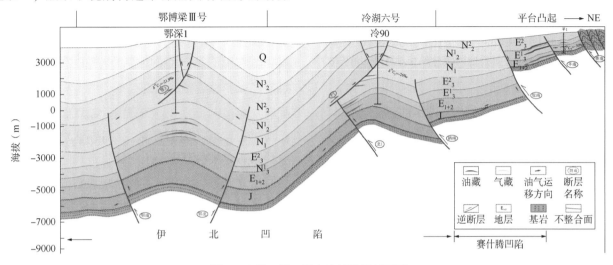

图9 冷湖三号—平台地区地质剖面图

3.3 柴西环英雄岭构造带

柴西环英雄岭地区包括英雄岭主体构造带的英西—英中—英东、南翼山—有圈子和黄瓜峁—开特米里克—油墩子等多个含气构造带。该地区处于E_3^2和N_1两大气源中心，有机质丰度高，分布面积广、埋深大，成熟度R_o达1.0%以上，生气强度达到（200～260）×10^8m³/km²，具备形成大气田的物质条件（图2）。英雄岭地区发育大面积碳酸盐岩优质储层，咸化震荡水体环境下，发育多种微相类型碳酸盐岩细粒沉积物，有利于形成多层系、大面积储层（图5）。深层大面积碳酸盐岩储层中，藻灰岩及块状云灰岩中裂缝、溶蚀孔洞、角砾化孔洞和基质孔发育，同时深层碳酸盐岩储层受有机酸及TSR等多种作用影响，溶蚀孔发育，容易形成物性较好的储层甜点。在构造上，英雄岭深层发育油墩子、黄瓜峁、开特米里克、英中等多个大型构造圈闭，是油气运聚有利指向区。深大断裂及微裂缝发育，有利于沟通深层气源。目前在该地区已发现英中、南翼山、开特等深层气藏，证实该领域深层具备形成大型气藏的条件，是下步深层天然气勘探的重点方向。

4 结论

（1）柴达木盆地深层天然气勘探程度低、资源潜力大，发育侏罗系和古近系两套优质气源，埋深大、成熟度高，生烃能力强，烃源岩具有早期、多期生烃特征，与深层圈闭形成期匹配，为深层气藏提供了充足烃源岩条件。

（2）柴达木盆地深层发育基岩、碎屑岩和湖相碳酸盐岩等多类型储层，形成多套储盖组合，含气层系多。深层发育原生孔、溶蚀缝、溶蚀孔和裂缝等多种空间类型，为深层气藏富集提供了储存空间。其中基岩储层物性不受深度控制，碳酸盐岩和碎屑岩虽然深层致密，但受有机酸溶蚀、岩相等因素影响，深层依然可以发育优质储层，多口井的钻探证实，深层具备形成规模优质储层的条件。

（3）综合研究认为，生气凹陷周围有利于深层天然气聚集，以深大断裂为主的多种输导体系为深层天然气运移提供优质通道；深层圈闭类型多、圈闭面积大、圈闭形成期与主力生气期匹配，有利于形成深层规模气藏；盆地广泛发育的盐岩、泥质岩层及异常高压层有利于深层天然气保存。综合地质特征和录井显示，认为柴北缘山前古隆起、腹部构造带和柴西环英雄岭构造带深层是有利的深层天然气勘探方向。

参考文献

[1] 孙龙德，邹才能，朱如凯，等．中国深层油气形成、分布与潜力分析[J]．石油勘探与开发，2013，40(6)：687-695.

[2] 付锁堂，马达德，陈焱，等．柴达木盆地油气勘探新进展[J]．石油学报，2016，37(增刊1)：1-10.

[3] 田继先，孙平，张林，等．柴达木盆地北缘山前带平台地区天然气成藏条件及勘探方向．天然气地球科学，2014，25(4)：526-531.

[4] 田继先，李剑，曾旭，等．柴达木盆地北缘天然气地球化学特征及其石油地质意义[J]．石油与天然气地质，2017，38(2)：355-362.

[5] 张永庶，伍坤宇，姜营海，等．柴达木盆地英西深层碳酸盐岩油气藏地质特征[J]．天然气地球科学，2018，29(3)：358-369.

[6] 石亚军，杨少勇，郭佳佳，等．柴达木盆地深层油气成矿(藏)条件及有利区带[J]．中国矿业大学学报，2020，49(3)：506-522.

[7] 付锁堂，张道伟，薛建勤，等．柴达木盆地致密油形成的地质条件及勘探潜力分析[J]．沉积学报，2013，31(4)：672-682.

[18] 付锁堂，汪立群，徐子远，等．柴北缘深层气藏形成的地质条件及有利勘探区带[J]．天然气地球科学，2009，20(6)：841-846.

[9] 马峰，乐幸福，王朴，等．柴达木盆地煤型气成藏条件及勘探领域[J]．中国石油勘探，2014，19(3)：87-94.

[10] 田光荣，阎存凤，妥进才，等．柴达木盆地柴北缘煤成气晚期成藏特征[J]．天然气地球科学，2011，22(6)：1028-1032.

[11] 田继先，李剑，曾旭，等．柴北缘深层天然气成藏条件及有利勘探方向[J]．石油与天然气地质，2019，40(5)：1095-1105.

[12] Tian J, Li J, Kong H, et al. Genesis and accumulation process of deep natural gas in the Altun foreland on the northern margin of the Qaidam Basin [J]. Journal of Petroleum Science and Engineering, 2021, 200 (1)：108-147.

[13] 田继先，李剑，曾旭，等．柴达木盆地东坪地区原油裂解气的发现及成藏模式[J]．石油学报，2020，41(2)：154-162，225.

[14] Tian J, Li J, Pan C, et al. Geochemical characteristics and factors controlling natural gas accumulation in the northern margin of the Qaidam Basin [J]. Journal of Petroleum Science & Engineering, 2017, 160(1)：219-228.

[15] 翟志伟，张永庶，杨红梅，等．柴达木盆地北缘侏罗系有效烃源岩特征及油气聚集规律[J]．天然气工业，2013，33(9)：36-42.

[16] 郭泽清，马寅生，易士威，等．柴西地区古近系—新近系含气系统模拟及勘探方向[J]．天然气地球科学，2017，28(1)：82-92.

[17] 张斌，何媛媛，陈琰，等．柴达木盆地西部咸化湖相优质烃源岩形成机理[J]．石油学报，2018，39(6)：674-685.

[18] Guo Z Q, Ma Y S, Liu W H, et al. Main factors controlling the formation of basement hydrocarbon reservoirs in the Qaidam Basin, Western China [J]. Journal of Petroleum Science & Engineering, 2016, 149(1)：244-255.

[19] 陈吉，史基安，龙国徽，等．柴北缘古近系—新近系沉积相特征及沉积模式[J]．沉积与特提斯地质，2013，33(3)：16-26.

[20] 黄成刚，倪祥龙，马新民，等．致密湖相碳酸盐岩油气富集模式及稳产、高产主控因素：以柴达木盆地英西地区为例[J]．西北大学学报(自然科学版)，2017，47(5)：724-738.

[21] 田继先，赵健，张静，等．柴达木盆地英雄岭地区硫化氢形成机理及分布预测[J]．岩性油气藏，2020，32(5)：84-92.

[22] 张旭，刘成林，郭泽清，等．柴西北区新近系湖相细粒沉积岩油气富集条件研究[J]．煤炭学报，2020，45(8)：2824-2837.

[23] 付锁堂，马达德，郭召杰，等．柴达木走滑叠合盆地及其控油气作用[J]．石油勘探与开发，2015，42(6)：712-722.

[24] 吴颜雄，薛建勤，冯云发，等．柴西地区新构造运动特征及其对成藏影响[J]．石油实验地质，2013，35(3)：243-248.

鄂尔多斯盆地东北部海相地层轻质油的发现及勘探启示

张春林[1,2]，牛小兵[3]，刘新社[3]，邢凤存[4]，范立勇[3]，郝爱胜[1,2]

1 中国石油勘探开发研究院，北京 100083；

2 中国石油天然气集团有限公司天然气成藏与开发重点实验室，河北廊坊 065007；

3 中国石油长庆油田公司，陕西西安 710018；4 成都理工大学沉积地质研究院，四川成都 610059

摘　要：对鄂尔多斯盆地东北部地区进行野外地质考察，在下古生界海相地层中发现轻质油苗。含油层位主要为中寒武统徐庄组、上寒武统凤山组和下奥陶统冶里组等，含油岩性主要为细晶白云岩、中晶白云岩、残余鲕粒白云岩和鲕粒灰岩等。利用含油样品与烃源岩样品抽提物的族组成分离与定量分析、饱和烃色谱—质谱、芳香烃色谱—质谱等分析测试资料，结合有机碳含量、岩石热解、氯仿沥青"A"、镜质组反射率、显微组分等分析测试资料，确认轻质油苗来源于藻类生源与高等植物蜡质生源共同贡献，形成环境为湿润气候条件、具还原特征的微咸水—半咸水的海陆过渡相沉积环境，属于本溪组泥岩成熟阶段的产物。轻质油苗的发现，表明本溪组泥岩生成的原油可以向下古生界进行运移聚集成藏，后期发生的裂解气对鄂尔多斯盆地中东部盐下天然气藏具有重要的贡献。轻质油苗的发现及研究对该地区的油气勘探具有重要意义。

关键词：油苗；轻质油；油源对比；海相地层；鄂尔多斯盆地

Discovery of Light Oil in the Marine Strata, Northeastern Ordos Basin and Its Exploration Enlightenment

Zhang Chunlin[1,2], Niu Xiaobing[3], Liu Xinshe[3], Xing Fengcun[4], Fan Liyong[3], Hao Aisheng[1,2]

1 PetroChina Research Institute of Petroleum Exploration & Development, Beijing 100083, China；
2 Key Laboratory of Gas Reservoir Formation and Development, CNPC, Langfang, Hebei 065007, China；
3 PetroChina Changqing Oilfield Company, Xi'an, Shanxi 710018, China；
4 Institute of Sedimentary Geology, Chengdu University of Technology, Chengdu, Sichuan 610059, China

Abstract：Based on the field geological investigation in the northeast of Ordos Basin, light oil was discovered in the marine strata of lower Paleozoic. The main oil-bearing layer are Xuzhuang Formation of middle Cambrian, Fengshan formation of upper Cambrian and Yeli formation of lower. The main oil-bearing lithology are fine crystalline dolomite, medium crystalline dolomite, residual oolitic dolomite and oolitic limestone.

基金项目：中国科学院战略性先导科技专项(A 类)"深层油气形成与分布预测"(XDA14010403)；国家科技重大专项"大气田富集规律与勘探关键技术"(2016ZX05007-002)；中国石油天然气股份有限公司重点科技项目"大中型天然气田(区)勘探关键技术及目标评价"(2019B-0606)联合资助。

第一作者简介：张春林，1979 年生，男，博士，高级工程师，主要从事石油与天然气地质综合研究。

邮箱：mike_zcl@ 163. com

Based on the data of group composition separation and quantitative analysis, saturated hydrocarbon chromatography−chromaticity, aromatic hydrocarbon chromatography−chromaticity, and organic carbon content, rock pyrolysis, chloroform bitumen "A", vitrinite reflectance, microscopic component from oil−bearing samples and source rock samples, it is confirmed that the light oil seepage is derived from algae and higher plant wax. The forming environment is a continental−marine transitional sedimentary environment with humid climate, reduction characteristics and slight saline−brackish water conditions. The light oil belongs to the mature stage of Benxi formation mudstone. The discovery of light oil shows that the crude oil generated by the Benxi formation mudstone can migrate and accumulate in the lower Paleozoic strata, and the cracking gas of later stage plays an important role in the subsalt gas reservoir in the middle−eastern Ordos Basin. So the discovery and research of light oil is of important significance for oil and gas exploration in the study area.

Key words：oil seepage；light oil；oil−source correlation；marine strata；Ordos Basin

伴随全球油气勘探由常规勘探领域转向海洋深水、深层—超深层和非常规油气领域，凝析油气和轻质油的资源量与产量占比逐渐加大，其必将成为未来全球及中国的石油产量增长的重要支柱[1]。我国在松辽盆地、渤海湾盆地、塔里木盆地及准噶尔盆地等地区的轻质油勘探均获得了较大突破[2-7]，初步评估我国轻质油资源量约为 $200×10^8$ t[1]，勘探潜力大。

鄂尔多斯盆地是我国第二大沉积盆地[8]，其纵向上具有典型的"上油下气"的油气藏分布特点，上部发育三叠系延长组、侏罗系延安组两套含油层系，下部发育下古生界碳酸盐岩、上古生界砂岩两套含气层系[9-12]。尤其是鄂尔多斯盆地下古生界为一套海相碳酸盐岩地层，分布广、厚度大，其大规模油气勘探起始于 1989 年 6 月陕参 1 井的成功发现[13]。近年来，风化壳储层之下的马家沟组中—下组合白云岩体及盆地西缘乌拉力克组页岩气领域的勘探均取得了较大成果[14-16]，上述勘探成果证实鄂尔多斯盆地下古生界海相碳酸盐岩层系具备较大的天然气勘探潜力。但至今上述层系中尚未发现规模的含油层系或地区，仅部分露头、探井在上古生界中见到油苗和少量原油。盆地西缘的中卫、中宁、靖远、同心、海原等地的石炭系露头和盆地东缘的中阳、蒲县、石楼等地的太原组露头中，见到了油苗[17-18]；同时，早期在盆地周缘完钻的部分探井在上古生界也见到了少量轻质油，涉及盆地西缘的任 4 井、任 13 井、鸳探 1 井，盆地东部的牛 1 井、镇川 11 井、麒参 1 井、林 2 井和盆地北部伊盟隆起地区的石深 1 井、伊深 1 井、伊 3 井等探井[17-21]。由此可见，盆地下古生界海相地层尚未发现液态油苗显示。近年来，笔者在鄂尔多斯盆地周缘进行油气地质野外考察的过程中，首次在盆地东北部海相地层中发现了大面积的轻质油苗，这无疑给鄂尔多斯盆地油气勘探提供了一个重要信息，乃至于下古生界的天然气来源需要重新认识。

鉴于此，本文以鄂尔多斯盆地东北部含油碳酸盐岩样品为研究对象，通过油源地球化学对比，分析其来源与潜在的运移方式，并探讨其勘探意义。

1 油苗出露地质背景及特征

本次野外考察区域主要位于现今鄂尔多斯盆地晋西扰褶带构造单元的北部地区。鄂尔多斯盆地岩相古地理研究表明，研究区经历了多期构造、沉积环境变革，具体表现为早古生代时期鄂尔多斯盆地进入了加里东构造运动阶段，寒武纪整体呈现出"五槽五隆(陆)两洼"构造沉积格局，研究区处于伊盟古陆与吕梁古陆夹持下的"神木洼陷"，经历了海泛超覆背景下的缓坡至台地沉积演化过程[22]；早奥陶世经历了多期海侵—海退旋回[13]，研究区主要发育潮坪沉积；中奥陶世末加里东运动使华北台地抬升为陆[23]，研究区经历长达上亿年的风化剥蚀，致使缺失中—上奥陶统—下石炭统大部分地层；早石炭世末期开始接受海侵沉积[24]，发育了本溪组、太原组、山西组海相、陆相重要的烃源岩；中、新生代，研究区又经历了印支、燕山和喜马拉雅3个构造旋回层序[25]，形成现今的地质特征。

本次发现的油苗南北向主要位于山西省忻州市静乐县—山西省朔州市怀仁县之间，东西向主要位于内蒙古自治区呼和浩特市清水河县与山西省朔州市怀仁县之间，油苗平面跨度大，南北向可达到180km以上，东西向可达到110km（图1a）。油苗发现层位主要集中在中寒武统徐庄组、上寒武统凤山组和下奥陶统冶里组等地层中（图1b），其中以凤山组和冶里组油苗发育更为普遍，而徐庄组主要在研究区朔州平鲁区下水头乡—宁武县石家庄镇一带（图1a）。油苗发现层段岩性主要为细晶、中晶等结晶白云岩、残余鲕粒白云岩和鲕粒灰岩等。油苗主要以顺层状和微裂缝型产出，在凤山组和冶里组内油苗主要呈层状分布于白云岩内，而在徐庄组石灰岩地层内则主要出现于微裂缝内，累计油苗显示厚度一般大于5m，朔州虎头山剖面累计厚度可达到20m以上。

受原油侵入影响，油苗发育层段岩石颜色明显比不含油岩石的颜色深（图2），地质锤敲击后，新鲜面具有浓烈的油气味，但油气味挥发快。受考察范围所限，油苗出露范围可能超过本次油苗平面圈定范围，而垂向分布层段可能更多。油苗一般为富含油—油迹级别，野外含油岩样的镜下荧光主要为淡蓝色，偶见黄色斑点，发光的部位主要为晶间孔、晶间溶孔和微裂缝，甚至岩石颗粒表面也能见到（图3）。依据石油中的不同组分所呈现的荧光颜色认为，研究区油苗主要为轻质油。为证实油苗的来源，分别采集了油苗样品及附近本溪组、太原组、徐庄组的泥岩、碳质泥岩、石灰岩，开展有机地球化学分析。

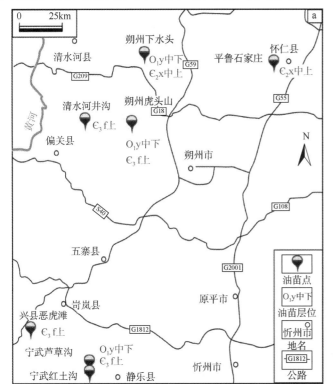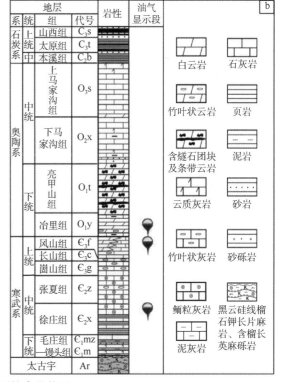

图1 油苗分布图及地层综合柱状图

a—油苗平面分布图，展示的油苗仅代表观察点，空白区很多地区覆盖或未勘查，油气显示未知；b—油苗出露区地层综合柱状图及油苗分布层段，柱状图岩性结构参考了静乐幅和平鲁幅1:20万区调报告，油苗垂向分布仅代表本次观察到的层位

a. 饱含油细晶白云岩，凤山组顶部，朔州虎头山　　　　b. 油浸鲕粒灰岩，徐庄组中部，朔州下水头

c. 油浸细晶白云岩，凤山组顶部，兴县恶虎滩　　　　d. 油浸细晶白云岩，凤山组顶部，清水河井沟

图 2　典型野外含油露头照片

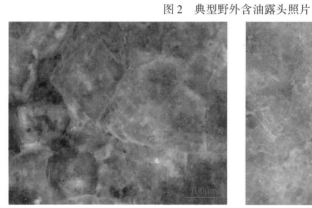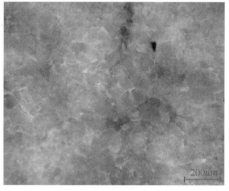

a. 含油细晶白云岩，淡蓝色荧光，
凤山组，朔州虎头山

b. 含油粉晶白云岩，淡蓝色荧光，
冶里组，朔州下水头

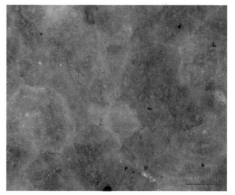

c. 鲕粒灰岩，淡蓝色荧光，见黄色斑点，
徐庄组，宁武县石家庄镇

d. 含油粗晶白云岩，淡蓝色荧光，
凤山组，宁武芦草沟

图 3　典型野外含油样品荧光薄片照片

2 油苗附近烃源岩地球化学特征

对太原组、本溪组、徐庄组的样品进行实验测试（表1），徐庄组泥质灰岩的有机碳含量为0.04%~0.1%，氯仿沥青"A"为0.0052%~0.0088%，干酪根显微组分以壳质组为主，约占总量的82%~85%，主要为腐殖无定形类，生烃母质为II_1类，镜质组反射率R_o为0.53%~0.76%，处于烃源岩低成熟阶段，从有机碳含量整体上明显低于0.5%的有效海相烃源岩下限值来看[26-27]，不能作为有效烃源岩。本溪组、太原组整体上属于海陆过渡相沉积环境，其泥岩、碳质泥岩的有机碳含量为0.96%~18.1%，氯仿沥青"A"为0.0124~0.4129，生烃潜力（S_1+S_2）为0.17~26.2mg/g，干酪根显微组分中腐泥组（腐泥无定形）为3%~9%、壳质组（主要为腐殖无定形）占52%~81%、镜质组（正常镜质体）占13%~41%，生烃母质为II_2类，镜质组反射率为0.54%~0.72%，处于烃源岩成熟生油阶段，依据含煤地层烃源岩评价标准[28]，整体属于中等—好烃源岩，但其是否为油源，还需进行油源对比分析。

表1　烃源岩样品有机地球化学参数表

层位	岩性	TOC（%）范围 均值（样品数）	S_1+S_2（mg/g）范围 均值（样品数）	氯仿沥青"A"（%）范围 均值（样品数）	R_o（%）范围 均值（样品数）	腐泥组（%）范围 均值（样品数）	壳质组（%）范围 均值（样品数）	镜质组（%）范围 均值（样品数）	惰质组（%）范围 均值（样品数）	有机质类型
徐庄组	泥灰岩	0.04~0.10 0.06（9）	0 —	0.0052~0.0088 0.0066（9）	0.53~0.76 0.62（5）	7~12 9（9）	82~85 83（9）	3~11 8（9）	0 0	II_1
本溪组	泥岩、碳质泥岩	0.96~9.56 3.46（4）	0.30~2.81 0.97（4）	0.0139~0.4129 0.1939（4）	0.61~0.72 0.67（4）	6~8 7（4）	60~81 72（4）	13~39 23（4）	0~1 1（4）	II_2
太原组	泥岩、碳质泥岩	1.51~18.10 7.85（7）	0.17~26.20 10.02（7）	0.0124~0.1777 0.0991（7）	0.54~0.60 0.58（7）	3~9 5.5（7）	52~76 60（7）	22~41 33（7）	0~2 1（7）	II_2

3 油源对比

为搞清研究区轻质油来源，采集了典型的含油储层样品7块、本溪组与太原组黑色泥页岩各1块（表2），储层样品涉及冶里组—亮甲山组白云岩、徐庄组鲕粒灰岩和太原组砂岩，将上述样品与本溪组和太原组黑色页岩的抽提物进行了饱和烃气相色谱、饱和烃气相色谱—质谱、芳香烃色谱—质谱等分析测试，探讨轻质油的来源。

3.1 正构烷烃分布特征

正构烷烃是石油和生油岩的重要化学组分[29]，其分布特征蕴含了丰富的母源信息，其碳数组成和分布特征可用来判断原油的母质来源、热演化程度及古环境等[30-31]。

表2　研究区样品地球化学参数表

样品编号	地名	样品描述	地层	主峰碳	碳数范围	CPI	OEP	$(C_{21}+C_{22})$ $/(C_{28}+C_{29})$	$C_{21}-$ $/C_{22+}$	Pr $/Ph$	Pr $/C_{17}$	Ph $/C_{18}$	C_{21}三环萜烷$/C_{23}$三环萜烷	三环萜烷/藿烷	C_{23}三环萜烷/C_{30}藿烷	γ-蜡烷$/C_{30}$藿烷	C_{27}规则甾烷(%)	C_{28}规则甾烷(%)	C_{29}规则甾烷(%)
1	朔州虎头山	深灰色含油白云岩	凤山组	C_{20}	nC_{14}—nC_{36}	1.12	1.06	2.01	0.63	0.32	0.57	0.47	0.46	0.31	0.21	0.25	44.04	26.01	29.95
2	朔州下水头	油浸鲕粒灰岩	徐庄组	C_{20}	nC_{15}—nC_{36}	1.01	0.95	2.05	0.54	0.37	0.66	0.43	0.45	0.29	0.16	0.17	40.25	27.06	32.69
3	朔州下水头	含油白云岩	冶里组	C_{20}	nC_{15}—nC_{36}	1.07	0.98	1.98	0.54	0.40	0.67	0.48	0.49	0.28	0.15	0.18	43.65	27.56	28.79
4	怀仁偏岭口	深灰色含油白云岩,油味刺鼻	冶里组	C_{21}	nC_{15}—nC_{36}	1.07	1.03	1.82	0.46	0.46	0.67	0.46	0.50	0.20	0.10	0.29	40.70	23.54	35.76
5	山阴梁头村	黑色泥页岩	本溪组	C_{21}	nC_{15}—nC_{36}	1.09	1.01	2.48	0.61	0.36	0.62	0.40	0.59	0.12	0.08	0.09	40.15	22.51	37.34
6	宁武芦草沟	含油砂岩	太原组	C_{20}	nC_{15}—nC_{36}	0.99	0.97	2.43	0.80	0.22	0.60	0.60	0.57	0.48	0.32	0.18	40.98	28.33	30.70
7	宁武芦草沟	含油砂岩	太原组	C_{20}	nC_{15}—nC_{36}	1.04	1.04	2.26	0.71	0.30	0.39	0.50	0.48	0.34	0.16	0.20	34.94	32.09	32.97
8	宁武芦草沟	深灰色含油白云岩,油味刺鼻	凤山组	C_{20}	nC_{15}—nC_{36}	1.05	1.09	2.31	0.82	0.35	0.33	0.42	0.51	0.28	0.12	0.14	35.42	25.97	38.61
9	宁武芦草沟	黑色泥页岩	太原组	C_{19}	nC_{12}—nC_{36}	1.34	1.13	1.02	2.46	3.51	1.52	0.36	—	—	—	—	—	—	—

分析表2正构烷烃参数，发现太原组的黑色泥页岩与其他样品的地球化学参数完全不一样，其主要呈现陆相沉积环境，因此与油苗不存在油源关系。其他样品的饱和烃气相色谱图(图4)均呈现出碳数分布范围较宽的特征，介于 nC_{16}—nC_{36}，其中 nC_{18}—nC_{29} 中分子量正构烷烃占据绝对优势，缺失了 nC_{16} 以前的轻烃馏分，基线相对比较平稳，在 nC_{26} 之后呈现出一定幅度的未分离复杂化合物鼓包(UCM)，同时样品中虽然均检测出姥鲛烷(Pr)和植烷(Ph)，但含量很少，说明其仅遭受了一定程度的生物降解作用；峰型主要为单峰态中峰型，主峰碳以 nC_{20}、nC_{21} 为主，$(C_{21}+C_{22})/(C_{28}+C_{29})$ 为

1.82~3.12，说明其原始母质可能来自藻类生源和高等植物蜡质生源的共同贡献，并以藻类生源为主；OEP、CPI 均接近于1，奇偶优势、碳优势分布现象不甚明显，在碳数 nC_{19}—nC_{23} 范围内呈现出微弱的偶碳优势，造成这种现象的主要原因为其形成于沉积环境为还原的半咸水—咸水海相沉积环境[32]；C_{21-}/C_{22+} 介于 0.46~0.86，说明其均含有一定的陆源碎屑物质的输入，而本溪组沉积期沉积环境属于海陆过渡相的广海陆棚沉积环境[33]，上述特征表明，轻质油苗与本溪组烃源岩正构烷烃分布特征具有相似性，具有较好的亲源关系。

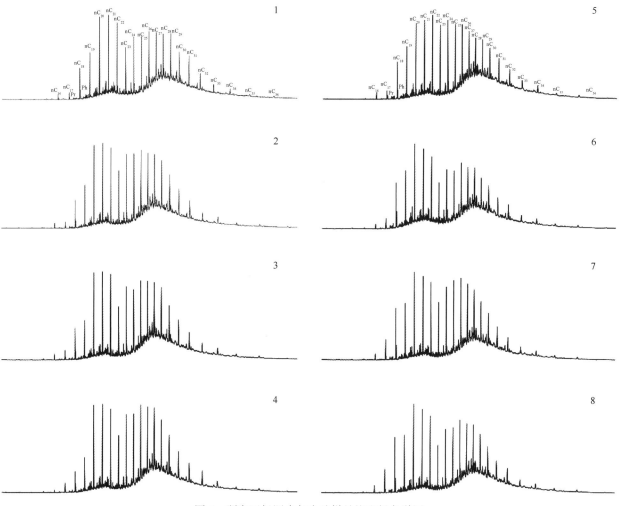

图4 研究区烃源岩与含油样品饱和烃色谱图

数字序号与表2中的样品编号一致

3.2 类异戊二烯烷烃分布特征

类异戊二烯烷烃作为一种生物标记化合物，是异构烷烃的重要组成部分，由于其结构相对比较稳定，抵御微生物降解能力强，广泛分布于原油和沉积物中[34-35]。姥植比（Pr/Ph）是一项作为划分原油和烃源岩沉积环境氧化还原性的重要参数，高姥植比（>3.0）反映氧化条件下陆源有机质的输入，低姥植比（<0.6）指示具还原性的高盐度碳酸盐岩沉积环境[36-37]。本次样品检测出的姥鲛烷（Pr）和植烷（Ph）含量较少，但同样可以作为油源对比的指标，分析得出 Pr/Ph 介于 0.3 ~ 0.64、Pr/C_{17} 介于 0.33 ~ 0.82、Ph/C_{18} 介于 0.4 ~ 0.6（表2、图5、图6），反映轻质油苗与本溪组烃源岩均形成于典型的具还原特征的半咸水—咸水沉积环境，均值分别为 0.24 和 0.23，显示正构烷烃占优势，生物降解程度低，干酪根主要为 II 型。

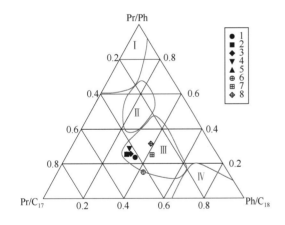

图5　研究区烃源岩与含油样品的

（Pr/nC_{17}-Ph）/（nC_{18}-Pr/Ph）三角图

I—湖沼相成因；II—淡水湖相成因；III—半咸水—咸水环境成因；IV—盐湖相成因

数字序号与表2中的样品编号一致

3.3 萜烷类分布特征

原油中检测出的萜烷类生物标志物主要有三环萜烷、四环萜烷和藿烷系列等[37]。因不同类型生

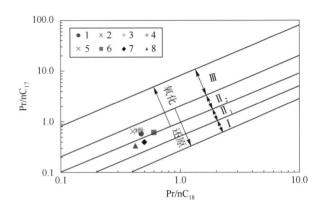

图6　研究区烃源岩与含油样品的

Pr/nC_{17}、Ph/nC_{18} 相关图

数字序号与表2中的样品编号一致

源构成的沉积有机质中三环萜烷、四环萜烷及藿烷的相对丰度和分布特征均有一定差异，所以常将其作为油源对比研究的参数。

研究区样品的萜烷系列均为三环萜烷和藿烷系列正常分布模式，具有较好的相似性（图7）。三环萜烷系列丰度整体偏低，碳数分布范围为 C_{19}—C_{29}，并且以 C_{23}TT 为主峰，C_{21}TT < C_{23}TT。前人研究认为，浅水、淡水沉积环境有利于 C_{19}TT、C_{20}TT、C_{21}TT 的形成与分布[38-39]，海相、咸水湖相沉积环境发育的烃源岩及其原油常具有 C_{23}TT 优势分布特征[40]。据肖洪等（2019）建立的三环萜烷分布判识图版，认为本次采集的样品形成于海相沉积环境（图8）。藿烷系列分布明显占优势，含量相对丰富，可检测到 C_{27}—C_{35} 藿烷系列化合物，以 C_{30} 重排藿烷占绝对优势，三环萜烷/藿烷值比值介于 0.12 ~ 0.48，C_{23}TT/C_{30}H 值分布范围为 0.1 ~ 0.32，C_{30} 重排藿烷成因具有多种类型；但结合该区地质情况，认为其主要受控于陆相有机质的输入[41]；同时，检测出伽马蜡烷含量低，伽马蜡烷/C_{30}H 值分布在 0.09 ~ 0.25 之间，结合上述姥植比，认为该地区有机质沉积于较为湿润气候条件下的微咸—半咸水环境中。

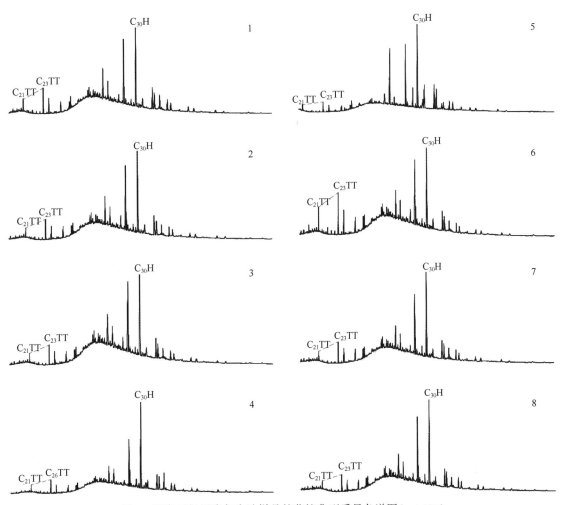

图 7　研究区烃源岩与含油样品的萜烷典型质量色谱图(m/z191)

数字序号与表 2 中的样品编号一致

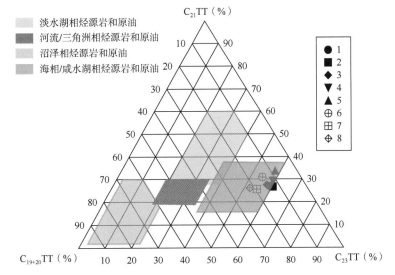

图 8　研究区烃源岩与含油样品的 C_{19+20}TT、C_{21}TT 和 C_{23}TT 相对百分含量图

数字序号与表 2 中的样品编号一致

3.4 甾烷分布特征

甾烷是原油和有机质中较为常见和重要的生物标志化合物,其主要包括孕甾烷、重排甾烷、规则甾烷和4-甲基甾烷[42]。甾烷主要来源于藻类、高等植物及浮游动物,一般认为 C_{27} 甾烷主要来源于藻类等低等水生生物,C_{29} 甾烷主要来源于浮游植物和高等植物,因此常用 C_{27}—C_{28}—C_{29} 规则甾烷分布特征对原油和沉积有机质进行生源构成判识[41]。

研究区轻质油样品的甾烷分布特征基本一致,整体特征表现为较高的重排甾烷、4-甲基甾烷含量低,C_{27}—C_{28}—C_{29} 规则甾烷呈 C_{27}≫C_{28}<C_{29} 的不规则对称"L"形分布,具明显的 C_{27} 甾烷优势(图9、表2),意味着它们应来自同一油源。而本溪组泥岩的甾烷分布特征与轻质油稍有差异,也呈现出似"L"形分布,但其 C_{29} 甾烷含量明显高于轻质油样品。分析认为,轻质油中 C_{29} 甾烷含量相对较低的主要原因是其遭受了中等程度的生物降解作用,导致细菌选择性消耗 $C_{29}\alpha\alpha\alpha20R$ 差向异构体。因此,认为轻质油样品与本溪组泥岩之间具有较好的亲缘性,同时结合 C_{27}—C_{28}—C_{29} 规则甾烷三角图(图10),认为该区有机质沉积于海陆过渡相环境。

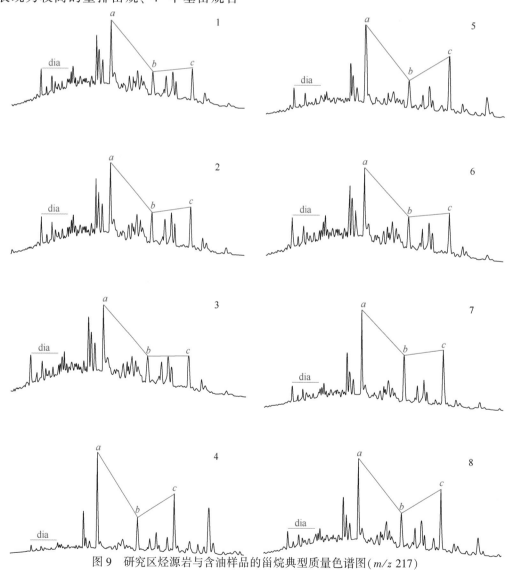

图9　研究区烃源岩与含油样品的甾烷典型质量色谱图(m/z 217)

数字序号与表2中的样品编号一致;a—C_{27} 规则甾烷;b—C_{28} 规则甾烷;c—C_{29} 规则甾烷;dia—重排甾烷

数字序号与表2中的样品编号一致

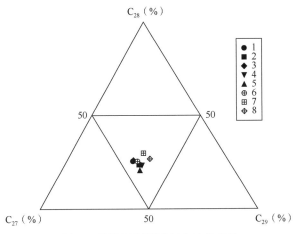

图 10　研究区烃源岩与含油样品的
C_{27}—C_{28}—C_{29}甾烷三角图分布特征图

数字序号与表2中的样品编号一致

4 勘探启示

油源地球化学特征对比揭示出研究区的油苗来自于上古生界本溪组海陆过渡相的泥岩。由此可见，研究区上古生界煤系烃源岩在地质历史演化过程中曾生成过大量原油，并发生过油气聚集。通过对鄂尔多斯盆地的区域地质背景分析认为，晚石炭世时期鄂尔多斯地区是向东开口与华北海相连的陆表海沉积盆地，沉积环境以滨浅海为主[43]，沉积岩性主要为一套灰黑色—灰色泥岩、粉砂岩、细砂岩，夹薄煤层、石灰岩透镜体，其中鄂尔多斯盆地主体地区的泥岩厚度为$5\sim20m$[44]，研究区本溪组泥岩厚度介于$5\sim15m$，有机碳含量介于$1.0\%\sim9\%$，表明研究区内并不缺乏生油岩。众所周知，鄂尔多斯

盆地上古生界煤系烃源岩自早三叠世进入低成熟生油阶段（$R_o>0.5$）开始生油；自中三叠世进入成熟阶段（$R_o>0.7$）开始生成大量的轻质油；晚三叠世至早白垩世，进入高成熟—过成熟阶段（$R_o>1.2$），开始大量生成天然气。但众多学者长期关注上古生界大面积成藏的天然气，几乎没有人关注其生油问题。上述研究表明，其在地质历史时期生成了大量的轻质油，如果在生油期发育适合的圈闭，那么轻质油必定会聚集成藏，后期随埋深的加大，极有可能裂解成天然气进行二次聚集成藏。

通过对鄂尔多斯盆地中东部构造演化史恢复（图11），揭示三叠纪鄂尔多斯盆地整体属于西高东低的缓坡沉积背景，本溪组泥岩直接覆盖在寒武系—奥陶系之上，其生成的轻质油可沿着寒武系—奥陶系内部发育的断裂、层序界面及奥陶系顶部风化壳组成的输导体系向盆地中部运移，并且在合适的地方聚集成藏。同时，随着埋藏的加深，盆地主体进入高温演化阶段，古地温梯度高达$4.0\sim4.4℃$，古地温由$90℃$上升至$180℃$以上[45]，致使早期形成的油藏发生裂解生成天然气，并聚集形成气藏；而后期受到燕山运动晚期的构造抬升影响，盆地中东部地区构造格局整体发生反转，形成东高西低的大型区域缓坡，导致早期形成的油气藏发生由西向东的二次运移。同时，研究区受到抬升剥蚀形成出露区，早期未发生裂解的轻质油和部分天然气沿着输导通道向东运移至研究区，造成了部分油气散失。

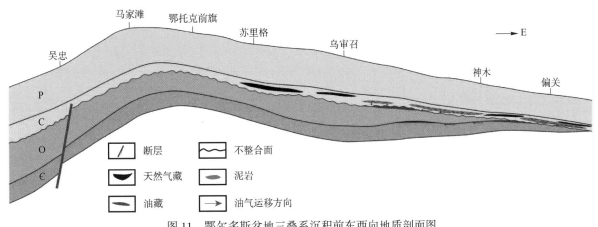

图 11　鄂尔多斯盆地三叠系沉积前东西向地质剖面图

据此可知，奥陶系甚至寒武系在地质历史过程中必定发育古油藏以及后期油藏发生裂解形成的天然气藏。这种新认识很好地解释鄂尔多斯盆地中东部奥陶系盐下缺乏质量较好的烃源岩，但部分探井却产出具有"混源"特征的天然气问题。因此，针对鄂尔多斯盆地中东部盐下天然气，应注重上古生界烃源岩生油的贡献，并加强古油藏分布及后期裂解气的研究。

5 结论

（1）鄂尔多斯盆地东北部下古生界海相地层中发现油苗，主要以顺层状和微裂缝型产出；显微镜下荧光主要呈现淡蓝色，证实油苗为轻质油，发光的部位主要为晶间孔、晶间溶孔和微裂缝。

（2）油源对比显示，轻质油苗的母质来源于藻类生源与高等植物蜡质生源共同发育的本溪组泥岩，干酪根类型主要为Ⅱ型。正构烷烃、类异戊二烯烷烃、萜烷、甾烷等指标表明，轻质油与烃源岩的形成环境为湿润气候条件，具还原特征的微咸—半咸水的海陆过渡相沉积环境，轻质油遭受低—中等程度的生物降解。

（3）鄂尔多斯盆地东北部下古生界海相地层轻质油的发现，证实在三叠纪时期盆地整体西高东低的缓坡沉积背景下，本溪组泥岩生成的轻质油可以向下古生界中运移聚集成藏，这对鄂尔多斯盆地中东部下古生界的油气勘探具有重要意义。

参考文献

[1] 贾承造. 凝析油和轻质原油勘探为油气增产打开新领域[N]. 石油商报，2020-12-16.

[2] 刘宝泉，蔡冰，李恋，等. 冀中地区凝析油、轻质油油源的判别[J]. 石油勘探与开发，1990，17(1)：22-31.

[3] 赵林，张文龙，贾蓉芬，等. 华北地区石炭—二叠系煤系地层和轻质油关系研究[J]. 地球化学，1996，25(4)：346-352.

[4] 卢双舫，李冬，王跃文，等. 倾油性有机质生成轻质油的评价方法及其应用[J]. 石油学报，2007，28(5)：63-71.

[5] 李政，张林晔，沈忠民，等. 准噶尔盆地车排子凸起轻质油母源及充注方向[J]. 石油实验地质，2011，33(4)：419-423.

[6] 张景坤，周基贤，王海静，等. 准噶尔盆地西北缘超剥带轻质油的发现及意义[J]. 地质通报，2017，36(4)：493-502.

[7] 崔景伟，王铁冠，胡健，等. 塔里木盆地和田河气田轻质油成熟度判定及其油源意义[J]. 石油与天然气地质，2013，34(1)：27-36.

[8] 张春林，张福东，朱秋影，等. 鄂尔多斯克拉通盆地寒武纪古构造与岩相古地理再认识[J]. 石油与天然气地质，2017，38(2)：281-291.

[9] 付金华，魏新善，任军峰，等. 鄂尔多斯盆地天然气勘探形势与发展前景[J]. 石油学报，2006，27(6)：1-13.

[10] 杨华，付金华，魏新善，等. 鄂尔多斯盆地奥陶系海相碳酸盐岩天然气勘探领域[J]. 石油学报，2011，32(5)：733-740.

[11] 杨华，付金华，何海清，等. 鄂尔多斯华庆地区低渗透岩性大油区形成与分布[J]. 石油勘探与开发，2012，39(6)：641-648.

[12] 付金华，李士祥，刘显阳. 鄂尔多斯盆地石油勘探地质理论与实践[J]. 天然气地球科学，2013，24(6)：1091-1101.

[13] 付金华，白海峰，孙六一，等. 鄂尔多斯盆地奥陶系碳酸盐岩储集体类型及特征[J]. 石油学报，2012，33(增刊2)：110-117.

[14] 杨华，包洪平. 鄂尔多斯盆地奥陶系中组合成藏特征及勘探启示[J]. 天然气工业，2011，31(12)：11-20.

[15] 姚泾利，包洪平，任军峰，等. 鄂尔多斯盆地奥陶系盐下天然气勘探[J]. 中国石油勘探，2015，20(3)：1-12.

[16] 刘新社，蒋有录，侯云东，等. 鄂尔多斯盆地靖西地区奥陶系中组合天然气成因与成藏主控因素[J]. 天然气工业，2016，36(4)：16-26.

[17] 王少昌，刘雨金. 鄂尔多斯盆地上古生界煤成气地质条件分析[J]. 石油勘探与开发，1983，10(1)：13-23.

[18] 胡国艺，曾凡刚，王少昌. 鄂尔多斯盆地东缘石楼油苗的成因探讨[J]. 地质地球化学，1998，26(3)：67-71.

[19] 祝总祺，李璧琪，谢秋元. 从镜煤反射率看鄂尔多斯盆地北部石炭系太原组有机质的成熟度和含油气远景[J]. 石油与天然气地质，1981，2(3)：284-291.

[20] 孙国凡，刘景平，苗永旺. 鄂尔多斯盆地北部上古生界找油方向初探[J]. 石油与天然气地质，1983，4(1)：109-116.

[21] 张文正，裴戈，关德师. 鄂尔多斯盆地中、古生界原油轻烃单体系列碳同位素研究[J]. 科学通报，1992，37(3)：248-251.

[22] 张春林，姚泾利，李程善，等. 鄂尔多斯盆地深层寒武系碳酸盐岩储层特征与主控因素[J]. 石油与天然气地质，2021，37(3)：248-251.

[23] 熊鹰，李凌，文彩霞，等. 鄂尔多斯盆地东北部奥陶系马五1+2储层特征及成因[J]. 石油与天然气地质，2016，37(5)：691-701.

[24] 孙玉景. 鄂尔多斯盆地东北部马家沟组马五1—马五4亚段岩溶储层特征及主控因素研究[D]. 西安：西北大学，2020：24-25.

[25] 丁超. 鄂尔多斯盆地东北部中—新生代构造事件及其动热转换的油气成藏效应[D]. 西安：西北大学，2013：21-24.

[26] 张水昌，梁狄刚，张大江. 关于古生界烃源岩有机质丰度的评价标准[J]. 石油勘探与开发，2002，29(2)：8-12.

[27] 陈建平，梁狄刚，张水昌，等. 中国古生界海相烃源岩生烃潜力评价标准与方法[J]. 地质学报，2012，86(7)：1132-1142.

[28] 黄第藩，熊传武. 含煤地层中石油的生成、运移和生油潜力评价[J]. 勘探家，1996，1(2)：6-12.

[29] Tissot B P, Welte D H. Petroleum Formation and Occurrence[M]. New York：Springer，1984：1-20.

[30] 罗宪婴，赵宗举，孟元林. 正构烷烃奇偶优势在油源对比中的应用：以塔里木盆地下古生界为例[J]. 石油实验地质，2007，29(1)：74-77.

[31] 柳广弟，杨伟伟，冯渊，等. 鄂尔多斯盆地陇东地区延长组原油地球化学特征及成因类型划分[J]. 地学前缘，2013，20(2)：108-115.

[32] 宋振响，周世新，穆亚蓬，等. 正构烷烃分布模式判断柴西主力烃源岩[J]. 石油实验地质，2011，33(2)：182-192.

[33] 贾浪波，钟大康，孙海涛，等. 鄂尔多斯盆地本溪组沉积物物源探讨及其构造意义[J]. 沉积学报，2019，37(5)：1087-1103.

[34] 范善发，姜善春，徐芬芳. 原油中类异戊二烯烷烃的分布和演化[J]. 石油学报，1981，2(4)：36-43.

[35] 王有孝，程学惠，吴贻华，等. 原油中类异戊二烯烷烃的地球化学特征[J]. 石油与天然气地质，1981，2(2)：158-168.

[36] Peters K E, Moldowan J M, Walters C C. The Biomarker Guide[M]. 2nd Edition. Beijing：Petroleum Industry Press，2011：23-27.

[37] 胡健，王铁冠，陈建平，等. 塔西南坳陷周缘原油地球化学特征与成因类型[J]. 石油学报，2015，36(10)：1223-1233.

[38] Zumberge J E. Prediction of source rock characteristics based on terpane biomarkers in crude oils：A multivariate statistical approach[J]. Geochimica et Cosmochimica Acta，1987，51(6)：1625-1637.

[39] 朱扬明. 塔里木盆地陆相原油的地球化学特征[J]. 沉积学报，1997，15(2)：26-30.

[40] Tao S Z, Wang C Y, Du J G, et al. Geochemical application of tricyclic and tetracyclic terpanes biomarkers in crude oils of NW China[J]. Marine and petroleum geology，2015，67(6)：460-467.

[41] 崔景伟，王铁冠，李美俊，等. 塔河油田白垩系原油地化特征与成因类型[J]. 中国矿业大学学报，2011，40(3)：430-437.

[42] 李锋，田纳新，仝立华，等. 柴北缘冷湖4号地区油砂油地球化学及生物降解特征[J]. 中国矿业，2018，27(增刊1)：185-190.

[43] 王双明. 鄂尔多斯盆地叠合演化及构造对成煤作用的控制[J]. 地学前缘，2017，24(2)：54-63.

[44] 郭少斌，王义刚. 鄂尔多斯盆地石炭系本溪组页岩气成藏条件及勘探潜力[J]. 石油学报，2013，34(3)：445-452.

[45] 张春林，庞雄奇，田世澄，等. 鄂尔多斯盆地西部奥陶系古油藏油源对比与靖边气田气源[J]. 天然气地球科学，2014，25(8)：1242-1251.

塔里木盆地柯坪水泥厂剖面蓬莱坝组
热流体改造作用

张　静[1]，张宝民[1]，景秀春[2]，宋金民[3]

1 中国石油勘探开发研究院，北京 100083；2 中国地质大学（北京）地球科学与资源学院，北京 100083；

3 油气藏地质及开发工程国家重点实验室（成都理工大学），成都 610059

摘　要：为了对塔里木盆地柯坪水泥厂剖面下奥陶统蓬莱坝组碳酸盐岩中发生的热流体作用进行判识，对研究对象开展了岩石学、地球化学、地层埋藏史—热史、牙形石色变指数分析。露头区不同产状的粗晶、极粗晶基质白云岩和孔洞白云石受围岩原始孔渗性控制明显，具区域性局限发育的特征。成岩流体温度明显高于研究区蓬莱坝组古地温，仅在二叠纪与下伏寒武系古地温出现交集。流体成分主要为海源流体且与中寒武统云化流体具有同源性。综合认为研究区蓬莱坝组碳酸盐岩发生过热流体改造作用。热流体是受二叠纪火山热作用驱动、混合有大气淡水的中寒武统蒸发岩层系中封存的埋藏卤水。

关键词：柯坪；热流体；白云岩；露头；蓬莱坝组；塔里木盆地

Thermal Fluid Modification of Penglaiba Formation at Keping Cement Plant Profile in Tarim Basin

Zhang Jing[1], Zhang Baomin[1], Jing Xiuchun[2], Song Jinmin[3]

1 PetroChina Research Institute of Petroleum Exploration & Development, Beijing 100083, China;

2 School of Earth Science and Resources, China University of Geosciences, Beijing 100083, China;

3. State Key Laboratory of Oil and Gas Reservoir Geology and Exploration,

Chengdu University of Technology, Chengdu 610059, China

Abstract：Evidences of hydrothermal activities are studied in the carbonate rocks of Lower–Ordovician Penglaiba Formation in Kalpin Shuinichang outcrop in the Tarim basin based on the analyses of petrological and geochemical characteristics, burial–thermal history of the strata and conodont alteration index. Coarse–super coarse matrix–replacive and void–filling dolomite with different occurrences developed regionally which is affected by the wall rock fabrics. The temperature of the diagenetic fluid is much higher than the paleotemperature of Penglaiba Formation in the study area and overlaps with the Permian paleotemperature of the underlying Cambrian strata. The diagenetic fluid is composed mainly of paleoseawater and homologous with the dolomitization fluid of the Middle Cambrian. Driven by Permian volcanism, the hydrothermal fluid which is supposed to be the mixture of freshwater and brine sealed within the Middle Cambrian induced hydrothermal diagenesis in Penglaiba Formation in the study area.

Key words：Kalpin; hydrothermal fluid; dolomite; outcrop; Penglaiba Formation; Tarim Basin

基金项目：中国石油"十四五"上游领域前瞻性基础性课题"前陆冲断带下组合规模储层形成机理与有效性评价技术研究"（2021DJ0302）。

第一作者简介：张静，1979 年生，女，博士，高级工程师，从事海相碳酸盐岩储层地质研究。

邮箱：zj_1224@petrochina.com.cn

热流体是当今地学研究的热点之一，不仅在层控金属成矿等领域有着很深入的研究，其对含油气盆地油气成储和有机质成烃等方面的影响也越来越多地受到关注。含油气盆地作为一种重要的地热异常区，热流体广泛分布，在运移过程中可对围岩进行改造，从而对油气储层产生显著影响。热流体是超过环境温度至少5℃，通过断裂、裂缝等运移通道进入并交代母岩，呈现为地热异常的流体[1]。影响碳酸盐岩的热流体可以是地壳深部或上地幔的岩浆在侵入或喷发过程中形成的热液和岩浆期后热液，也可以是更为常见的广泛存在于碳酸盐岩层系的各类热水。

在塔里木盆地塔中、巴楚、塔北和塔东地区的寒武系、奥陶系碳酸盐岩中均发现了不同形式的热流体活动的痕迹[2]。多期火成岩活动和断裂活动被认为是塔里木盆地热流体作用发生的主要原因，尤以二叠系火山作用的影响最为显著[3-5]，且热流体活动呈现多源性和多期性的特点[6-8]。下奥陶统蓬莱坝组是塔里木盆地奥陶系白云岩的主要发育段，也是下古生界重要的碳酸盐岩油气勘探接替层系。对蓬莱坝组的研究目前聚焦于规模白云岩的成因上，形成了发育时间早、以埋藏成因为主的认识[9-16]，而专门针对其中热流体作用的分析尚有待深入。与白云岩发育有关的热流体作用可能会在一定程度上改善碳酸盐岩基质部分的储集物性，对储集岩的形成与改造具有重要意义。

本文以塔里木盆地柯坪地区水泥厂剖面蓬莱坝组露头碳酸盐岩为研究对象，重点分析具有成因指示意义的岩石学特征和地球化学指标，对研究区热流体作用展开判识。通过露头踏勘、薄片观察，指出与热流体作用相关的矿物学、岩石学、微观标志性特征与产状。利用流体包裹体、地层埋藏史，并采用牙形石色变指数（CAI）分析，辅以氧同位素、有序度特征，确定热流体作用的存在并推断其发生

时间。根据主、微量元素与锶同位素特征判断热流体性质。还原研究区热流体改造作用过程。这对深入认识蓬莱坝组热流体作用机制具有重要意义，也可为相关的油气储层研究与勘探提供一定理论支撑。

1 地质背景

塔里木盆地是大型的复合含油气盆地，发育在太古宇—中元古界结晶基底与变质褶皱基底之上，由古生代克拉通盆地与中—新生代前陆盆地叠合，构造活动与火山活动活跃。研究区在盆地西北边缘阿克苏地区最西端的柯坪县境内，属于柯坪断隆构造单元，位于柯坪县城西北10km处的水泥厂剖面内。目的层为下奥陶统底部的蓬莱坝组，为一套海相碳酸盐岩地层，与上覆鹰山组和下伏寒武系秋里塔格组呈平行不整合接触（图1）。蓬莱坝组广泛分布于柯坪地层分区和塔克拉玛干地层分区的巴楚—塔中、一间房—西克尔、轮南、英买力等地区，各地区的岩性和古生物特征基本一致，其厚度变化较大，在塔中地区最大厚度可达1000m，在巴楚和塔北地区多大于300m。

寒武纪—晚奥陶世，塔里木盆地中部和西部为碳酸盐岩台地沉积，向东逐渐过渡为斜坡和盆地相区。台地结构在寒武纪为缓坡型。其中，中寒武世水体变浅、气候干热，发育了蒸发台地，形成大面积膏盐湖沉积，膏盐岩展布面积达$23×10^4km^2$，累计厚度超过1000m。晚寒武世海平面逐渐上升，到了下奥陶统蓬莱坝组沉积期，台地结构演变为弱镶边型，广泛发育了台地边缘和台地内部颗粒滩沉积[17-19]。研究区古地理位置位于台地内部。蓬莱坝组是塔里木盆地奥陶系白云岩的主要发育层段，岩性以粉—细晶至中—粗晶的结晶白云岩为主，含少量残余颗粒云岩和藻纹层云岩，局部发育砂屑灰岩、鲕粒灰岩、藻纹层灰岩及泥晶灰岩，含硅质条带和团块，产较丰富的牙形石。

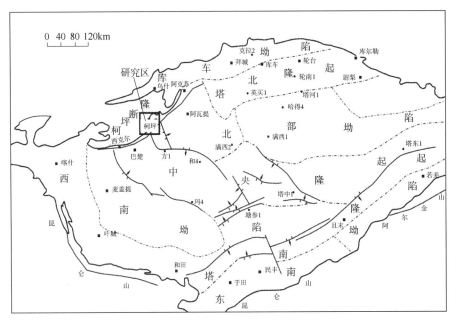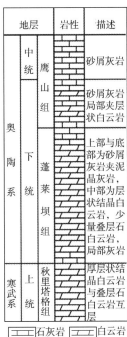

图1 塔里木盆地研究区剖面位置(左)与地层系统(右)图

2 岩石学特征

2.1 原岩恢复

研究区蓬莱坝组出露完全,底部出露部分上寒武统秋里塔格组。蓬莱坝组实测厚度近280m,除上段和下段见厚度不等的层状灰岩外,基本由白云岩构成(图2a)。视岩石类型变化情况对蓬莱坝组由底至顶连续采样84块,样品类型主要包括不同产状的各类结晶云岩、残余颗粒云岩、孔洞白云石充填物、颗粒灰岩、藻纹层灰岩、泥晶灰岩等。白云岩总体呈纵向连续、横向延伸稳定的厚层状展布(图2a—c),以结晶云岩为主(图2d、e、图3a)。沉积结构突出表现为晶粒下细上粗的众多反旋回(图2a),各旋回界面清晰可见(图2c)。其中,蓬莱坝组中段上亚段的反旋回结构较中段下亚段得更为明显。各旋回底部主要为细晶白云岩(图2d),向顶部逐渐过渡为中晶、粗晶—极粗晶白云岩(图2e)。原岩组构大部分遭到了破坏,白云岩中局部可见残余砂屑或其幻影(图3b、c)。由此判断白云岩的原岩为颗粒滩相亮晶砂屑灰岩。反旋回结构在

蓬莱坝组上段消失,沉积环境由潮间带下部转变为潮间带上部—潮上带。滩相沉积发育变差,白云岩含量骤减,主要表现为泥晶含量较高的砂屑灰岩、藻纹层灰岩及泥晶灰岩。

2.2 成因指示性产状与矿物特征

粗晶—极粗晶白云岩的大规模发育是研究区蓬莱坝组最为显著的特征,除了主要见于蓬莱坝组中段稳定层状白云岩段中各旋回中—上部外,还有一部分呈不规则团块状零星分布于石灰岩中,与围岩呈明显突变接触,岩性界线鲜明(图3d),主要见于剖面上段的石灰岩段。此外,在中段层状白云岩中的残余砂屑灰岩中还可见沿沉积微层面发育的中—粗晶白云石(图3e、f)。这些产状说明,云化作用具有明显的组构选择性,暗示着富镁流体通过裂缝、沉积层面等优势通道的输导与灰岩发生了交代反应。

层状和团块状粗晶—极粗晶基质白云岩由晶体大于0.5mm、部分超过1mm的自形至它形白云石构成,以自形—半自形者较多见。它形白云石呈致密的镶嵌状接触,而自形—半自形者则发育大量晶

图2 研究区蓬莱坝组沉积旋回发育概况与岩石学主要特征图

a—研究区蓬莱坝组沉积旋回发育；b—露头蓬莱坝组宏观特征；c—蓬莱坝组层状白云岩发育段主要沉积旋回特征；

d—蓬莱坝组细晶白云岩局部特征；e—蓬莱坝组粗晶—极粗晶白云岩局部特征

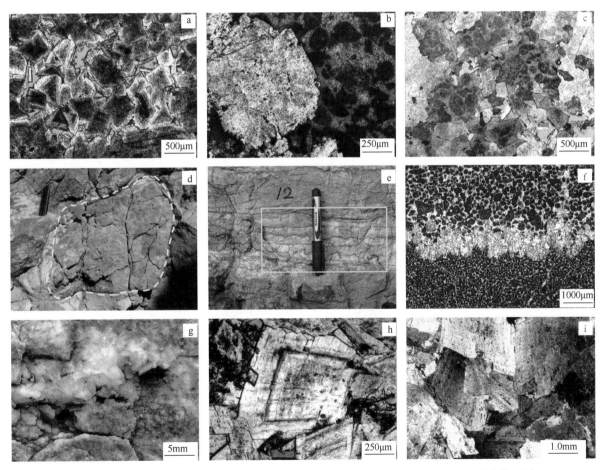

图3 柯坪水泥厂剖面蓬莱坝组具成因指示意义的基质白云岩与孔洞充填白云石发育特征图

a—层状粗晶基质白云岩微观特征，单偏光；b—部分云化的砂屑灰岩微观特征，单偏光染色；c—残余砂屑白云岩微观特征，单偏光；

d—石灰岩中的团块状粗晶白云岩；e—顺微层理面发育的中—粗晶白云石宏观特征；f—顺微层理面发育的中—粗晶白云石微观特征，

单偏光染色；g—充填于粗晶白云岩溶洞中的异形白云石；h—孔洞异形白云石微观特征，单偏光；i—孔洞异形白云石微观特征，正交偏光

间孔(图 3a),具有良好的储集性,构成研究区一类重要的储集岩。充填孔洞的白云石可见于风化壳溶洞中,宏观上呈块状产出,常残留部分未充填满的空间(图 3g)。与基质白云石相比,充填物白云石的晶体更为粗大,常可超过 1mm,且更为明亮洁净。单偏光下观察发现晶面弯曲并可见阶步(图 3h),正交偏光下呈波状消光特征(图 3i),是典型的异形(鞍状)白云石。这类白云石主要形成于较高的温度下,一般不会低于 60~80℃[20],是热流体作用中一种常见的充填孔洞的成因指示性矿物。此外,通过对盆地中、西部地区蓬莱坝组大量钻井岩心的观察发现,研究区普见的粗晶—极粗晶白云石在岩心中相对少见,分布局限性较大,暗示了露头区可能发生过热流体云化作用。

热流体云化作用的围岩既可以是石灰岩,也可以是先期已经形成的白云岩。前者是真正意义上的热水(或热液)白云岩,后者则属于热水(或热液)改造白云岩。由于裂缝系统是热流体作用发生的基础和主控因素,因此纯粹的热水(或热液)白云岩常受渗透层形态和展布的控制,形成层状、似层状、团块状或脉状等,导致其分布具有明显的输导体系控制性,即热流体对围岩的影响范围有较大局限性,并不像埋藏成岩流体的影响那样广泛。

无论是露头还是井下,巨厚的蓬莱坝组主要由白云岩构成,石灰岩仅在局部成层或在大套白云岩中少量残存。从白云岩发育规模的角度判断,仅凭热流体作用造成如此广泛云化的可能性并不大。加之大量研究已表明蓬莱坝组白云岩在浅埋藏阶段就已经开始形成,且研究区的粗晶—极粗晶白云岩在该层位并非随处可见,其中的一些还具有用埋藏云化机制难以解释的产状,由此判断露头区白云岩经历了区域性热流体作用的叠加改造。

3 热流体作用判识

3.1 流体温度与环境温度对比

热流体成岩作用与埋藏成岩作用均发生在埋藏环境中,二者常叠加出现,且很多岩石学和地球化学特征都相似,给成因判识带来一定干扰。二者在发生机制上有本质区别。前者的成岩流体具备相对于周围环境而言更高(至少 5℃)的温度,流体活动多呈幕式发生,一般同时具备高压[21-22]。而后者则发生在与周围环境相同的温压条件下。准确厘定热流体成岩作用并将其与埋藏成岩作用区分开需要进行除岩石学特征分析以外更为定量化的分析。本研究除了利用流体包裹体、地层埋藏史等分析恢复成岩温度和古地温外,还采用 CAI 分析的方法对热史进行探讨。

研究区白云石包裹体普遍很小,基本在 5μm以下,在粗晶白云石、异形白云石中和单个晶体更靠近边缘的位置更易获得和进行测温。均一温度与包裹体体积之间不存在线性关系,判断包裹体发生过再平衡作用的可能性较小。此外,测温时所选择的对象随机分布不连线,基本没有代表发生过分裂的"缩颈"和泄露的"晕圈"迹象[23],是比较理想的原生包裹体。均一温度主体为 80~130℃,分布范围较宽。粗晶基质白云石和异形白云石的均一温度平均值没有显著差别,粗晶基质白云石和细晶基质白云石的平均温度存在差异,前者稍高(图 4a),相差在 10℃ 范围内。粗晶基质白云石亮边处(图 4b)的平均温度明显高于雾心处(图 4d)的平均温度(图 4c),分别为 126.15℃ 和 105.88℃,反映了白云石的形成存在多期流体的叠加改造,且后期流体温度较前期的高。

此外,研究区白云岩样品的 $\delta^{18}O$ 值主要分布在 -12‰~-6‰(PDB),其中粗晶和细晶基质白云岩的平均值分别为 -7.99‰ 和 -7.49‰(PDB)。充填孔洞的异形白云石的 $\delta^{18}O$ 值最低,平均为 -11.85‰(PDB)。白云石有序度为 0.71~0.97,大部分样品在 0.85 以上,并显示出有序度值随晶粒增大而升高的趋势。这类指标具有一定多解性,仅可辅助反映与高温流体有关的成岩作用的存在。

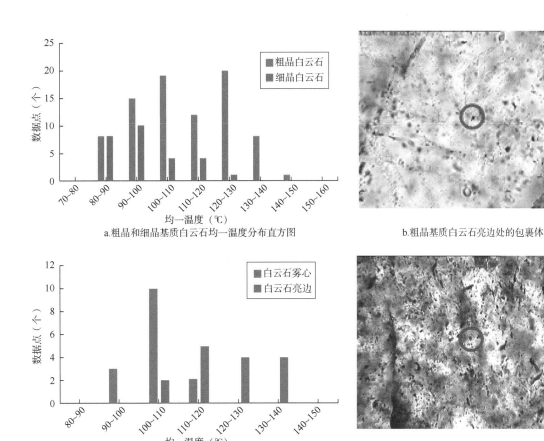

a.粗晶和细晶基质白云石均一温度分布直方图

b.粗晶基质白云石亮边处的包裹体

c.粗晶白云石雾心与亮边均一温度分布直方图

d.粗晶基质白云石雾心处的包裹体

图4　研究区白云岩包裹体特征与均一温度分布直方图

由柯坪地区蓬莱坝组埋藏史(图5)可知，从早奥陶世开始沉积至晚二叠世出露地表，蓬莱坝组的最大埋藏深度不超过2600m。柯坪—巴楚地区古生代的地温梯度不到1.8℃/100m[24]，地表温度以20℃计算，由此得出蓬莱坝组最大埋藏温度不超过66℃。而白云石包裹体的均一温度主体为80～130℃，说明其成岩温度明显高于蓬莱坝组的正常古地温(图5)。换言之，成岩流体并非地热流体，而是来自更深层位的热流体。

由于蓬莱坝组含有较丰富的牙形石，因此采用CAI分析的方法进一步确定地层最大埋藏温度和热流体温度。牙形石主要赋存于石灰岩中，分别在层状灰岩和层状白云岩中的残余灰岩中寻找牙形石进行CAI分析。在蓬莱坝组下段的层状灰岩中分析出黄褐色—褐色单锥型牙形石，与牙形石色变指数标准化石对比后确定CAI＝1.5～2。在紧邻其上的

中段下亚段厚层白云岩中的残余灰岩中分析出棕褐色—灰褐色单锥型牙形石，相应的CAI为3。已知寒武系—奥陶系界线的地质时代距今约490Ma，柯坪地区寒武系—奥陶系界线之上缺失了上泥盆统中部至上石炭统达拉阶和中二叠统茅口阶至今的地层，合计约为340Ma，则490-340＝150Ma即为柯坪地区寒武系—奥陶系界线附近的有效受热埋时。将CAI值和有效受热埋时标定在阿伦尼厄斯坐标上，大致计算出CAI为1.5～2的古地温为50～60℃，CAI为3的古地温为110℃(图6)。

根据CAI分析结果，以50～60℃作为蓬莱坝组最大埋藏温度，由此计算出相应的埋藏深度为2000～3000m，与实际的地层埋藏史相符。而与110℃对应的埋藏深度为3600～6200m，远超出实际的地层埋藏深度。因此，110℃并非正常古地温，

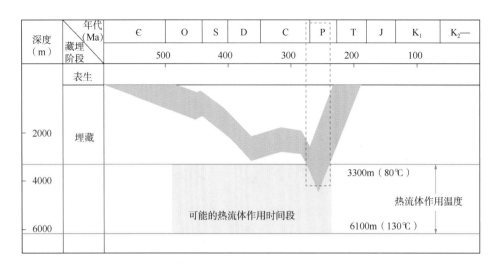

图 5　蓬莱坝组及其下伏地层埋藏史、古地温与白云岩成岩温度对比图

图 6　柯坪水泥厂剖面不同产状灰岩(左)中牙形石的 CAI 值与相应温度(右)图

而很可能与热事件有关。未受热事件影响的石灰岩和受到热事件影响的石灰岩之间的温度差异反映了热流体作用的存在。由此可见，地层埋藏史和 CAI 分析均证实研究区成岩流体具备显著高于其周围埋藏环境的温度，说明研究区发生过明显的热流体作用。

3.2 热流体作用发生时间

由图 5 可见，研究区蓬莱坝组在早奥陶世开始沉积并进入埋藏环境，晚二叠世抬升出露地表。成岩作用可能的发生时间段即为早奥陶世—晚二叠世。在此期间，蓬莱坝组白云石包裹体的均一温度与蓬莱坝组的埋藏温度从未出现交集，只有在二叠系才与其下伏寒武系的埋藏温度出现部分交集(图 5 虚线框)，说明蓬莱坝组白云岩的部分成岩流体来自深部的寒武系，并且相关的成岩作用大致发生在二叠纪。

塔里木盆地发生过 4 期重要的地质热事件。其中，二叠纪火山活动在整个盆地广泛存在，也最为强烈，其主幕发生在早二叠世，热作用一直持续到晚二叠世[25]。火山活动本身往往伴随有强烈的构造活动，会形成大量断裂、裂缝。塔里木盆地本身断裂系统就非常发育，据不完全统计，全盆及周缘发育的主要断裂构造达240余条，且盆地边缘断裂的活动强度最大[26]。由此造成深部流体活动活跃，使得位于盆地边缘的研究区在二叠纪发生热流体作用成为可能。虽然图5中显示在二叠系蓬莱坝组白云岩的成岩温度还有一部分超出了下伏寒武系古地温的范围，但强烈火山活动的热效应完全有可能导致超出叠合温度范围的更高流体温度。这与陈代钊等[27]利用古地磁研究方法对柯坪—巴楚地区蓬莱坝组下伏寒武系秋里塔格组白云岩热液改造时间的判断结果相一致。

3.3 热流体性质

研究区碳酸盐岩的稀土元素总量非常低，白云岩$\sum REE = 1.614 \sim 21.849 \mu g/g$，平均为$5.996 \mu g/g$。石灰岩$\sum REE = 1.427 \sim 4.287 \mu g/g$，平均为$2.920 \mu g/g$。除一个孔洞白云石充填物表现出明显

的Eu正异常外，其余白云岩、石灰岩样品的稀土元素配分模式基本一致，表现为富集轻稀土元素，$LREE/HREE = 7.612 \sim 13.185$，平均为$10.092$；$(La/Yb)N = 4.945 \sim 34.607$，平均为$12.908$。且绝大部分样品的Ce和Eu显示负异常（图7）。说明基质白云岩继承了原始海水稀土元素的配分模式。同时，该配分模式和下伏寒武系与蒸发岩相关的白云岩的配分模式[28]也高度相似，一方面说明成岩流体主要为海源流体，另一方面也暗示了蓬莱坝组白云岩与其下伏寒武系白云岩的成岩流体具有同源性，存在成岩流体来自寒武系的可能。而白云岩稀土元素总量高于石灰岩又说明成岩流体的成分除海水外，还有稀土元素略高于海水的其他流体。孔洞白云石充填物的Eu正异常则有可能是深部还原性热流体在上窜过程中选择性地溶滤了围岩矿物中的Eu，Eu以Eu^{2+}的形式进入流体后在合适的条件下沉淀下来，造成孔洞充填物中Eu的富集，形成明显不同于基质的Eu正异常。

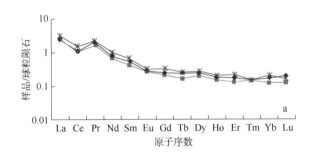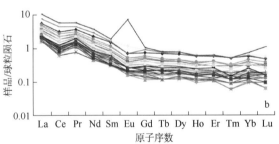

图7　研究区石灰岩稀土元素配分曲线（a）与白云岩（石）稀土元素配分曲线（b）图

与蓬莱坝组沉积期对应的塔里木盆地早奥陶世海水的$^{87}Sr/^{86}Sr$为0.7091[14,28]，与研究区石灰岩样品的平均值（0.7090）基本相当。白云岩样品的$^{87}Sr/^{86}Sr$平均为0.709422，明显高于石灰岩的$^{87}Sr/^{86}Sr$。由图8a可见，研究区绝大部分白云岩的$^{87}Sr/^{86}Sr$高于所有时期海水的$^{87}Sr/^{86}Sr$。虽然白云石化过程中Sr的丢失可导致^{86}Sr相对亏损、^{87}Sr相对富集，从而造成$^{87}Sr/^{86}Sr$升高[29]，但蓬莱坝组样品的Sr含量与$^{87}Sr/^{86}Sr$的交会图并未显示出这种规律（图8b）。说明云化过程中Sr的流失并不

是引起研究区白云岩$^{87}Sr/^{86}Sr$升高的主要原因，成岩流体可能是受到了^{87}Sr的污染。已知幔源流体富^{86}Sr，$^{87}Sr/^{86}Sr$平均为0.704。虽然幔源流体可以通过流经前寒武系碎屑岩或下寒武统泥页岩吸附大量^{87}Sr而导致$^{87}Sr/^{86}Sr$变高[30-31]，但碎屑岩尤其是泥页岩的稀土元素含量较高，可达几百毫克每克，而研究区白云岩稀土元素平均仅$5.996 \mu g/g$，稀土元素总量难以支持云化流体受到碎屑岩影响这一假设，因此成岩流体来自幔源的可能性不大。

白云岩样品的 Na 元素含量为347.8~1369μg/g，平均为806.9μg/g。相关研究表明，卤水环境中形成的白云岩的 Na 含量一般大于230μg/g[32]。此外，研究区蓬莱坝组异形白云石包裹体盐度平均为21%[33]，显著大于咸水3.3%的标准。这些均说明研究区成岩流体可能与卤水有关。塔里木盆地蓬莱

坝组沉积期为非蒸发环境，不存在卤水，但中寒武世发育了蒸发台地。塔中地区中寒武统阿瓦塔格组与蒸发岩共生的部分泥粉晶白云岩的 Na 含量平均达1026.3μg/g[9]。研究区蓬莱坝组白云岩较高的 Na 含量和包裹体盐度均暗示成岩流体可能与中寒武统蒸发台地中的卤水有关。

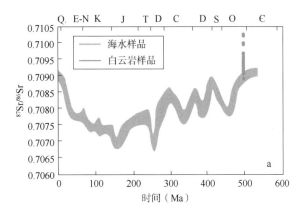
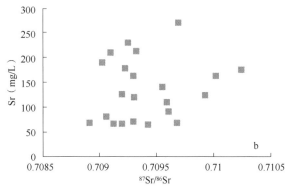

图8　研究区白云岩 $^{87}Sr/^{86}Sr$ 特征图

a—研究区白云岩 $^{87}Sr/^{86}Sr$ 与地质历史时期海水 $^{87}Sr/^{86}Sr$ 的对比图（底图依据文献[31]）；

b—研究区白云岩 Sr 含量与 $^{87}Sr/^{86}Sr$ 交会图

由此推断研究区热流体可能来自寒武系。蒸发台地中大量富镁卤水交代寒武系石灰岩的同时被埋藏封存于地层中，后期受火山活动的影响得以释放。当其通过断裂、裂缝等薄弱面向上覆地层活动时，由于具有相对于围岩更高的温度，引发围岩的热水云化改造。此外，塔里木盆地寒武系、奥陶系古岩溶作用广泛而普遍，包括表生期较长时间的暴露和沉积期的短暂暴露。露头区普见上寒武统—下奥陶统规模不等的古土壤层、铁质层等古暴露面，说明大气淡水的影响十分频繁。加之活跃的构造活动会产生大量断裂、裂缝，导致大气淡水很容易下渗进入埋藏环境。有研究表明，大气降水可以渗透至地下达十几千米的深度[34]，成为深部流体重要的组成部分。淡水的混入改变了地层中封存海水的性质，使其成为被大气淡水改造了的海水。由于大气淡水的 $\sum REE$ 和 $^{87}Sr/^{86}Sr$ 均高于海水的，因此可能是造成研究区蓬莱坝组白云岩这两项地球化学指标均

高于石灰岩的主要原因。综合分析认为，研究区热流体是混合有大气淡水的中寒武统蒸发岩层系中封存的埋藏卤水。

3.4 热流体改造方式

热流体成岩作用程度明显受沉积相带和沉积物原始孔渗性的影响，具有相控性和组构选择性。沉积时水体能量较高的滩相亮晶颗粒灰岩相对多孔，与沉积时水体能量较低、较致密的石灰岩相比，流体的进入与流动更为容易，无论对于埋藏成岩作用还是热流体成岩作用而言，均是优先被影响的对象。研究区发育有大规模颗粒滩沉积，构成众多下细上粗的沉积旋回。这种原岩组构在先期发生埋藏云化后依然得以保持和延续，是后期进一步发生与热流体相关的水岩作用的基础。

在二叠纪强烈火山作用的驱动下，混合有大气淡水的蒸发台地中的埋藏卤水从中寒武统通过薄弱带上窜到蓬莱坝组后，首先通过沉积旋回间界面的

输导以侧向流动的方式影响先期形成的白云岩，并优先与各旋回上部相对疏松的较粗晶白云岩发生水岩反应后，在重力的作用，影响下部较致密的、较细晶粒的白云岩，造成旋回上部粗晶、极粗晶白云岩的包裹体均一温度比下部细晶白云岩的高。由此对先期白云岩进行叠加改造，形成了层状热水改造白云岩。

而当沉积环境由潮间带下部的滩相转变为潮间带上部—潮上带时，由于水体能量变低、沉积物变致密，外来流体在围岩中的活动受到制约，不但不利于埋藏成岩作用的发生，热流体成岩作用也同样受限，只能在局部结构薄弱带产生影响。因此剖面顶部云化作用弱，主要为泥晶含量较高的石灰岩，仅见零星分布于石灰岩中的团块状粗晶白云岩，系热水沿裂缝、层面等薄弱面构成的流体输导通道对局部石灰岩进行交代的产物。与层状热水改造白云岩不同的是，这部分白云岩由于是热水直接交代石灰岩形成的，因而属于真正的热水白云岩。

4 结论

（1）塔里木盆地研究区下奥陶统蓬莱坝组碳酸盐岩成岩流体的温度明显高于该组的埋藏古地温，研究区发生过热流体成岩改造作用，形成大量受控于围岩原始组构的粗晶、极粗晶基质白云岩和部分孔洞白云石。

（2）地球化学特征反映影响蓬莱坝组的热流体与寒武系蒸发台地中的海源地层水有亲缘关系，同时可能受到古岩溶作用的影响，是混合有大气淡水的中寒武统蒸发岩层系中封存的埋藏卤水。

（3）在二叠纪火山活动的驱动下，富镁热水从寒武系上窜到蓬莱坝组，对相对高能沉积相带中由粗结构的颗粒石灰岩形成的埋藏白云岩进行叠加改造、对相对低能沉积相带中结构较致密的石灰岩进行局部交代，分别形成层状热水改造白云岩和团块状热水白云岩。

参考文献

[1] White D E. Thermal Waters of Volcanic Origin[J]. Bulletin of the Geological Society of America, 1957, 68：1637-1658.

[2] 刘伟，黄擎宇，王坤，等. 塔里木盆地热液特点及其对碳酸盐岩储层的改造作用[J]. 天然气工业，2016，36(3)：14-21.

[3] 吕修祥，杨宁，解启来，等. 塔中地区深部流体对碳酸盐岩储层的改造作用[J]. 石油与天然气地质，2005，26(3)：284-289.

[4] 朱东亚，金之钧，胡文瑄. 塔中地区热液改造型白云岩储层[J]. 石油学报，2009，30(5)：698-704.

[5] 朱东亚，孟庆强，胡文瑄，等. 塔里木盆地塔北和塔中地区流体作用环境差异性分析[J]. 地球化学，2013，42(1)：82-94.

[6] 陈红汉，鲁子野，曹自成，等. 塔里木盆地塔中地区北坡奥陶系热液蚀变作用[J]. 石油学报，2016，37(1)：43-63.

[7] 王坤，胡素云，刘伟，等. 塔里木盆地古城地区上寒武统热液改造型储层形成机制与分布预测[J]. 天然气地球科学，2017，28(6)：939-951.

[8] 丁茜，胡秀芳，高奇东，等. 塔里木盆地奥陶系碳酸盐岩热液蚀变类型及蚀变流体的分带特征[J]. 浙江大学学报（理学版），2019，46(5)：600-609.

[9] 吴仕强，朱井泉，王国学，等. 塔里木盆地寒武—奥陶系白云岩结构构造类型及其形成机理[J]. 岩石学报，2008，24(6)：1390-1400.

[10] 胡明毅，胡忠贵，李思田，等. 塔中地区奥陶系白云岩岩石地球化学特征及成因机理分析[J]. 地质学报，2011，85(12)：2060-2069.

[11] 乔占峰，沈安江，郑剑锋，等. 塔里木盆地下奥陶统白云岩类型及其成因[J]. 古地理学报，2012，14(1)：21-32.

[12] 乔占峰，张啸楠，沈安江，等. 基于激光U—Pb定年的埋藏白云岩形成过程：以塔里木盆地永安坝剖面下奥陶统蓬莱坝组为例[J]. 岩石学报，2020，36(11)：3493-3509.

[13] 郑剑锋，沈安江，刘永福，等. 塔里木盆地寒武系与蒸发岩相关的白云岩储层特征及主控因素[J]. 沉

积学报，2013，31（1）：89-98.

[14] 郑剑锋，沈安江，乔占峰，等. 柯坪—巴楚露头区蓬莱坝组白云岩特征及孔隙成因[J]. 石油学报，2014，35（4）：664-672.

[15] 黄擎宇，刘伟，张艳秋，等. 塔里木盆地中央隆起区上寒武统—下奥陶统白云岩地球化学特征及白云石化流体演化规律[J]. 古地理学报，2016，18（4）：661-676.

[16] 何勇，刘波，刘红光，等. 塔里木盆地西北缘通古孜布隆剖面下奥陶统蓬莱坝组白云石化流体来源及白云岩成因分析[J]. 北京大学学报（自然科学版），2018，54（4）：781-791.

[17] 林畅松，李思田，刘景彦，等. 塔里木盆地古生代重要演化阶段的古构造格局与古地理演化[J]. 岩石学报，2011，27（1）：210-218.

[18] 张光亚，刘伟，张磊，等. 塔里木克拉通寒武纪—奥陶纪原型盆地、岩相古地理与油气[J]. 地学前缘，2015，22（3）：269-276.

[19] 熊冉，张天付，乔占峰，等. 塔里木盆地奥陶系蓬莱坝组碳酸盐岩缓坡沉积特征及油气勘探意义[J]. 沉积与特提斯地质，2019，39（1）：42-49.

[20] Machel G H. a critical reappraisal. The Geometry and Petrogenesis of Dolomite Hydrocarbon Reservoirs[M]. Geological Society of London Special Publications，2004：7-63.

[21] Langhorne B S, Graham R D. Structurally controlled hydrothermal alteration of carbonate reservoirs：introduction. AAPG Bulletin，2006，90（11）：1635-1640.

[22] Graham R D, Langhorne B S. Structurally controlled hydrothermal dolomite reservoir facies：an overview[J]. AAPG Bulletin，2006，90（11）：1641-1690.

[23] 柳少波，顾家裕. 包裹体在石油地质研究中的应用与问题讨论[J]. 石油与天然气地质，1997，18（4）：

326-342.

[24] 王钧，黄尚瑶，黄歌山，等. 中国地温分布的基本特征[M]. 北京：地震出版社，1990：166-177.

[25] Yu X, Yang S, Chen H, et al. Permian flood basalts from the Tarim basin, Northwest China：SHRIMP zircon U-Pb dating and geochemical characteristics[J]. Gondwana Research，2011，20：485-497.

[26] 何文渊，李江海，钱祥林，等. 塔里木盆地柯坪断隆断裂构造分析[J]. 中国地质，2002，29（1）：37-43.

[27] 陈代钊，张艳秋，周锡强，等. 塔里木盆地西缘上寒武统下丘里塔格群热液白云岩改造时限：来自古地磁的约束[J]. 石油与天然气地质，2020.41（1）：50-58.

[28] 郑剑锋，沈安江，乔占峰，等. 塔里木盆地下奥陶统蓬莱坝组白云岩成因及储层主控因素分析：以巴楚大班塔格剖面为例[J]. 岩石学报，2013，29（9）：3221-3232.

[29] 王利超，胡文瑄，王小林，等. 白云岩化过程中锶含量变化及锶同位素分馏特征及意义[J]. 石油与天然气地质，2016，37（4）：464-472.

[30] 张哨楠. 塔里木盆地玉北地区奥陶系储层成因研究[J]. 沉积与特提斯地质，2020，40（3）：72-86.

[31] Burke W H, Denison R E, Hetherington E A, et al. Variation of seawater $^{87}Sr/^{86}Sr$ throughout Phanerozoic time[J]. Geology，1982，10：516-519.

[32] Tucker M E, Wright V P, Dickson J A D. Carbonate Sedimentology[M]. Oxford：Blackwell Science，1990：379-382.

[33] 潘文庆，胡秀芳，刘亚雷，等，塔里木盆地西北缘奥陶系碳酸盐岩中两种来源热流体的地质与地球化学证据[J]. 岩石学报，2012，28（8）：2515-2524.

[34] Bjorlykke K. Fluid flow in sedimentary basins[J]. Sedimentary Geology，1993，86：137-158.

电成像测井在复杂构造区页岩气储层评价中的应用

董振国

神华地质勘查有限责任公司，北京 102211

摘　要： 四川盆地外围的湘鄂西复杂构造区富有机质页岩地层发育，具有良好的页岩气生成条件和勘探潜力。由于页岩气储层具有埋藏深、非均质性强、低孔低渗和成藏机制复杂等特点，给常规测井储层解释和评价带来挑战。为了更好地应用 FMI 资料，提高地层评价的可靠性和测井解释精度，收集该区测井、岩心等资料，利用岩心数据刻度电成像测井图像，获得海相页岩不同岩性、结构、构造在 FMI 图像上的响应特征，建立具有地质意义的图像模式；结合岩心观察，利用 FMI 图像模式解释地质现象，可识别岩性和裂缝、分析薄互层，开展储层评价和沉积构造研究等，解决了很多常规测井无法解决的问题，尤其在探测复杂的非常规油气藏和裂缝性油气藏等领域具有独特的优势，在油田上得到了广泛的应用，取得了很好的效果，表明了该解释方法准确性高，应用价值性强。

关键词： FMI 电成像测井；页岩气地层；岩性特征；井旁构造；地应力分析；裂缝识别

Application of Electrical Imaging Logging in Evaluation of Shale Gas Reservoirs in Complex Structural Areas

Dong Zhenguo

Shenhua Geological Exploration Ltd. Co. , Beijing 102211, China

Abstract： The organic-rich shale strata in the western Hunan-Hubei complex tectonic zone on the periphery of the Sichuan Basin is well developed, and has good shale gas generation conditions and exploration potential. Because shale gas reservoirs have deep burial depth, strong heterogeneity, low porosity and low permeability, The complex accumulation mechanism and other characteristics have brought challenges to conventional logging reservoir interpretation and evaluation. In order to better use FMI data, improve the reliability of formation evaluation and logging interpretation accuracy, collect logging and core data in this area, and use core data to calibrate imaging logging images to obtain different lithology and structure of marine shale , The response characteristics of the structure on the FMI image, and the establishment of a geologically significant image model; combined with core observations, the FMI image model is used to explain geological phenomena, which can identify fractures, analyze thin layers, carry out reservoir evaluation and sedimentary structure research, etc. Many problems that cannot be solved by conventional logging, especially in the detection of complex unconventional oil and gas reservoirs and fractured oil and gas reservoirs, have unique ad-

基金项目： 国家重点研发计划项目"煤炭高强度开采驱动下水资源监测及其工程应用"（2016YFC0501102-04）。

作者简介： 董振国，1962 年生，男，硕士，高级工程师，主要从事地质工程技术研究和应用工作。

邮箱：dzhenguo@ aliyun.com

vantages, have been widely used in oil fields, and have achieved good results, indicating this explanation The method has high accuracy and strong application value.

Key words: FMI imaging logging; shale gas formation; lithological characteristics; wellside structure; in-situ stress analysis; fracture identification

湘鄂西复杂构造区位于四川盆地东缘，是 2013 年国土资源部第二轮页岩气探矿权招标出让的主要区块，下志留统龙马溪组富有机质页岩分布广泛，页岩沉积环境主要属于浅水—深水海相陆棚相，是页岩气勘探开发的有利区域，具有良好的页岩气生成条件和勘探前景。但由于该地区经历多期构造运动，构造复杂，石灰岩分布广，基础地质调查和油气勘查工作薄弱，勘探程度较低，区域控制钻井较少；同时该区地层年代老、地层倾角大、岩石致密，页岩储层埋藏深，具有低孔、低渗的物性特征，页理、裂隙发育，岩电关系复杂，测井解释具有多解性，常规测井评价方法难以满足页岩气评价的要求，这就给电成像测井技术的应用和发展提供了机遇[1]。

电成像测井技术是在井下采用传感器阵列扫描或旋转扫描测量，沿井筒垂向、周向和径向采集地层信息，传输到地面后通过图像处理技术得到井壁或井周的图像，其特点是比常规测井技术更精确、直观和方便。成像测井采用高分辨率的阵列电极测量井壁范围内的二维电阻率图像，对页岩气地层的裂缝有着良好的分辨能力，此外在岩性识别、地应力确定、井旁构造分析等方面都具有显著的成效[2]。

1969 年 Mobil 石油公司的 Zemanek 率先研制出井下声波电视 BHTV（Borehole Teleview），但该仪器分辨率差，应用效果不理想；1980—1984 年经过 AMOCO 石油公司 Wiley、Broding 和 Shell 石油公司 Rambow 对 BHTV 的改进，被油田逐渐接受和广泛使用。经过该仪器不断地改进和创新，发展至今，已出现电成像、声成像、核磁共振三大类，实现垂向、周向和径向 3 个不同方向的测量，从而为解决非均质储层问题提供了有力工具。1990 年以后国外油服公司先后推出的新一代测井系统，如斯伦贝谢公司的 MAXIS-500 测井系统、阿特拉斯公司 ECLIPS-2000 和哈里伯顿公司的 EXCELL-2000。这 3 套成像测井系统外挂的电成像仪器种类很多，例如斯伦贝谢公司的全井眼地层微电阻率扫描成像仪（FMI、8×24）和哈里伯顿公司的电阻率成像测井仪（XRMI、6×24）等。他们的钮扣电极尺寸及结构相近，排列很相近，探测深度也差不多[3]。

全井眼地层微电阻率成像测井仪工作时可记录多条微电阻率曲线，这些曲线反映了极板所扫过地层的电阻率变化特征，具有非常高的采样率和分辨率，可覆盖 80% 的井壁。微电阻率曲线经过平衡处理、加速度校正、标准化等数据处理和图像处理，生成电成像图像，其外观类似于岩心剖面，图像颜色的深浅表示电阻率的大小，电阻率越低，颜色越深。据此建立具有地质意义的图像模式，从成像图中识别多种地质现象，如层理、裂缝、缝合线、泥质条带、致密地层、溶蚀孔洞等，以及钻井过程中造成的地质特征，如钻井诱导缝、井壁崩落等，为页岩气储层的解释和评价提供新的手段和途径[4]。

1 电成像测井原理

斯伦贝谢公司研发的 FMI 仪器有 8 个极板共装 192 个微电极，每个电极直径为 5mm，电极间距为 2.54mm，测量时极板被推靠在井壁岩石上，由地面仪器车控制向地层发射电流，每个电极所发射的电流强度随其贴靠的井壁岩石及井壁条件的不同而变化[5]；因此，测量电极的电流强度及所施加的电压便反映了井壁四周的微电阻率变化，沿井壁间隔 2.54mm 采样可获得全井段细微的电阻率变化[6]（表 1、图 1）。采样数据经过深度校正、速度校正、平衡处理后生成电阻率图像，即用一种渐变的色板或灰度值刻度将每个电极的采样点变成一个色元。常用的色板为黑色—棕

色—黄色—白色，分为 42 个颜色级别，代表着电阻率由低变高，因此色彩的细微变化代表着岩性和物性

的变化[7]（1∶10 FMI 图像）。

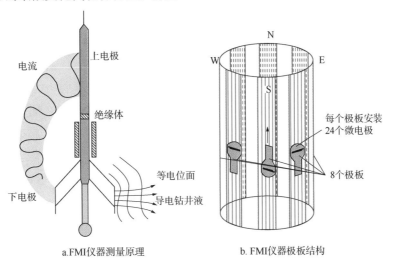

a.FMI仪器测量原理　　　　b. FMI仪器极板结构

图 1　FMI 仪器测量原理和结构图

表 1　FMI 仪器主要技术指标表

连接长度（m）	8.02
质量（kg）	211
井眼覆盖面积率（%）	80
最大钻井液电阻率（Ω·m）	50
最大耐压（MPa）	13.7
最大耐温（℃）	150

FMI 图像的纵向和横向（绕井壁方向）分辨率均为 5mm，足以分辨细砾岩的粒度和形状。但这是一个伪井壁图像，可以反映井壁上细微的岩性、物性（如孔隙度）及井壁结构（如裂缝、井壁破损、井壁取心孔等），它的颜色并不反映实际岩石的颜色；另外，每口井的微电阻率变化范围由于井之间的差异而有所不同，因此尽管两口井的 FMI 颜色相同，但可能对应着不同的电阻率，通常提供的FMI 图像有 3 种[8]：

（1）一般静态平衡的图像（EID）。采用全井段统一配色，每一种颜色都代表着固定的电阻率范围，因此反映了整个测量井段的相对微电阻率变化。

（2）标定到浅侧向测井（LLS）的静态图像（SCA）。为了裂缝宽度等定量计算而设计，因为FMI 仪器为微聚焦系统，其测量值反映相对电阻

率。标定后的静态图像不但能反映全井段的微电阻率变化，而且其值可与浅侧向测量值对应，这两种都可用于岩相分析以及地层划分。

（3）动态加强的图像（DYNA）。是为了解决有限的颜色刻度与全井段大范围的电阻率变化之间的矛盾，由静态图像的全井段统一配色改为每 0.5m井段配一次色，从而较充分地体现了 FMI 的高分辨率。这种图像常用于识别岩层中各种尺度的结构、构造，如裂缝、节理、层理、结核、砾石颗粒、断层等。但由于是分段配色，因此某种颜色在不同井段可能对应着不同岩性。

处理后的图像及其他辅助文件均被送入 Linux工作站进行分析和处理。FMI 图像解释与岩心描述有很多相似之处，其内容包括岩性描述、沉积构造、岩相、井旁构造及裂缝分析等。不同的是 FMI是井壁扫描，井壁上的诱导缝及破裂反映了地应力的影响，而层理及裂缝的定向数据也是岩心上很难得到的。当然，岩心是地下岩层的直接采样，是最为准确的资料，将两者进行一些标定后，可使地层描述更为准确可靠。

2 电成像测井处理流程和预处理

斯伦贝谢公司的 GeoFrame 解释软件能处理微电

阻率成像资料，可进行井筒地质现象的交互解释，根据岩心观察、地质录井等资料，可实现岩心深度归位、地层岩性识别、井旁构造和井旁地应力分析、裂缝分析及沉积环境分析等[9]。电成像测井资料处理主要包括：数据加载和校正、成像倾角的计算、图像处理和交互解释地质参数等，其处理流程如图2所示。

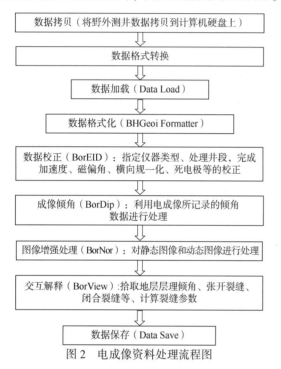

图 2　电成像资料处理流程图

FMI 处理在 GeoFrame 软件上进行，数据校正的目的是消除外界因素对测量数据的影响，从而使测量能够反映井壁附近地层的真实信息[10]。在 FMI 成像处理中，GPIT 加速度校正最为关键，仪器在井眼工作正常与否，直接影响到方位是否正确，正常的磁场强度其 x 轴和 y 轴分量应是以 0 为中心的圆弧或螺旋状；加速度计在 x 轴和 y 轴分量也应是圆弧或螺旋状。如果 FMI 测量井段 GPIT 的重力计和磁力计在 x 轴和 y 轴的分量均表现为螺旋状，表明 GPIT 工作正常，说明 FMI 成像测井解释中所提取的地层倾向和倾角等方位信息真实可信（图 3）。

3 FMI 成像测井图像分析

保靖页岩气探矿权区在大地构造上属于中扬子准地台西缘的湘鄂西隔槽式冲断褶皱带，横跨宜都—鹤峰复背斜和桑植—石门复向斜，探矿权区内主要页岩气勘探目标为马蹄寨野竹坪向斜，2013年以来该区块共钻井 8 口，其中有 4 口井进行了电成像测井（表 2），现以一口页岩气关键井——保页1 井为例阐述。

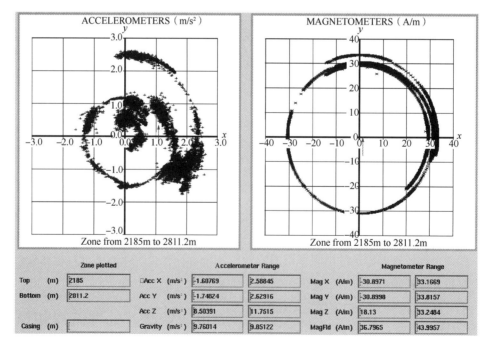

图 3　GPIT 质量控制图

表2 保靖区块页岩气电成像测井情况表

序号	井名	井型	井深（m）	电成像测井 测量井段（m）	电成像测井仪器	目的层
1	保页1	直井	2813	2185~2811.2	斯伦贝谢FMI	龙马溪组
2	保页2	直井	3275	2507~3260	斯伦贝谢FMI	牛蹄塘组
3	保页3	导眼井	1039	510.56~1039	哈里伯顿XRMI	龙马溪组
4	保页4XF	领眼井	2420	910~1415	哈里伯顿XRMI	龙马溪组

保页1井构造位置位于马蹄寨—野竹坪向斜西南抬升部位，地理位置位于湖南省湘西州保靖县迁陵镇龙溪坪村，是保靖区块第一口页岩气井。保页1井完井井深2813m，主要目的层为志留系龙马溪组，完钻层位为上奥陶统宝塔组，FMI成像测井处理和解释井段为2185~2811.2m，共计626.2m。

在FMI成像测井资料处理后，通过对FMI图像的静态和动态成像观察，除局部因井壁垮塌造成的图像质量不清晰外，整体图像质量较好，地质特征较清晰，满足地质解释要求。

3.1 复杂岩性的图像模式

在龙马溪组沉积时期，中上扬子区呈现出"北面向次深海敞开、东西南三面受古陆围限、陆架广布"的沉积格局，属半闭塞滞留海盆，为浅水陆棚—深水陆棚沉积环境，从北西向东南方向海水加深，龙马溪组沉积厚度变厚，岩石类型主要有泥岩、泥质粉砂岩、页岩、石灰岩等，其中富含有机质的页岩含气性较好[11]。结合录井岩性描述、常规测井曲线和元素测井等资料，利用FMI资料识

别了龙马溪组储层岩石类型的主要特征：

（1）泥岩：自然伽马在150gAPI左右，电阻率相对较低，FMI图像上水平层理较发育，可见明显的钻井诱导缝呈羽状分布的特征，Elan解释结果显示泥质含量较高(图4a)。

（2）泥质粉砂岩：自然伽马在100gAPI左右，电阻率相对较高，FMI图像上主要为块状构造，局部可见成层特征和钻井诱导缝的发育，夹薄层的泥岩条带，Elan解释结果显示泥质含量较低，在35%左右(图4b)。

（3）页岩：自然伽马较高，一般在150gAPI左右，无铀伽马在100gAPI左右，电阻率较高，FMI图像上页理较发育，局部层段黄铁矿较发育，Elan显示硅质含量很高，在60%左右，黏土含量较低，在20%左右(图4c)。

（4）石灰岩：自然伽马较低，在40gAPI左右，电阻率较高，FMI静态图像为亮白色，动态图像上为块状构造，局部可见缝合线构造，Elan显示灰质含量很高(图4d)。

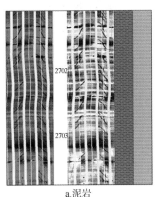 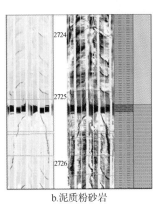 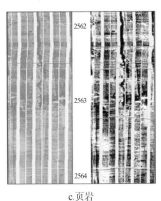 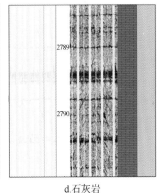

a.泥岩　　　　　　b.泥质粉砂岩　　　　　　c.页岩　　　　　　d.石灰岩

图4 电成像资料的岩性识别图

3.2 沉积构造的图像模式

岩心是反映储层岩性、物性、沉积构造等特征最直接的资料，但取心费用高，代价昂贵，根据岩心观察和 FMI 图像特征的对比研究，利用岩心刻度 FMI 图像，有助于识别未取心井段的岩性和沉积构造[12]。

FMI 成像测井图像在判识沉积岩的构造方面具有优势，在某种程度上可替代岩心观察；研究地层的原生构造，可以确定沉积介质所受营力及物源运移情况，故有助于分析沉积环境，还可确定地层的顶底接触关系等[13]。利用 FMI 成像，通过对岩心标志层和典型的沉积构造特征（层面、裂缝、断层、变形构造等）的对比实现了岩心的深度归位，有助于对岩性、层理、滑脱构造、井旁构造等的分析和研究。

3.2.1 岩心归位

层面在 FMI 图像上表现为颜色突变面，与井周垂直的水平层面在 FMI 图像上呈水平线状，与井周斜交的倾斜层面在 FMI 图像上则表现为正弦线状；高导缝在 FMI 图像上呈现黑色的正弦曲线，有的连续性较高，有的呈半闭合状，黑色说明这种裂缝未经过方解石等高阻矿物全部填充，为有效缝；而滑脱构造在 FMI 图像上表现为纹层连续性破坏或纹层扭曲[14]。

通过对比岩心岩性和 FMI 图像，可以识别出层面特征：FMI 图像在 2733.58m 处有一个明显层面（图 5a，龙二段—龙一段），层面以上的灰色含钙泥质粉砂岩 FMI 静态图像显示为亮白色，Elan 解释的泥质含量在 20% 左右；层面以下灰黑色粉砂质泥岩、碳质粉砂岩的 FMI 静态图像显示为黄色，Elan 解释的泥质含量为 40% 左右。FMI 图像在 2766.53m 处有一个明显层面（图 5b，龙马溪组—宝塔组），层面以上黑色块状碳质泥岩的 FMI 静态图像显示为暗黄色，可见黄铁矿分布的特征，Elan 解释的泥质含量在 40% 左右，层面以下泥质灰岩 FMI 静态图像显示为亮黄色，Elan 解释的泥质含量在 20% 左右，灰质含量在 70% 左右。因此该段岩心与 FMI 图像特征对应较好，岩心的深度比 FMI 成像的深度浅 2.23~2.59m。

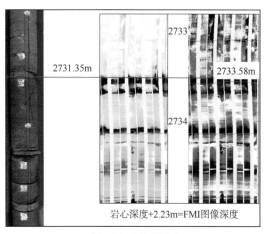
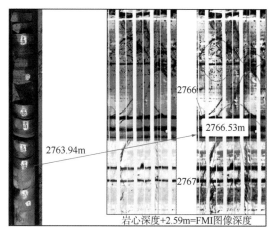

a.层面构造（第8回次）　　　　　　b.层面构造（第10回次）

图 5　层面构造的 FMI 图像模式图

根据岩心观察，在 2742.33m 存在一高角度的裂缝（图 6a），FMI 图像上在该深度附近也识别了一个高导缝，裂缝宽度较小，深度为 2744.8m；此外，岩心在 2752.31m 左右，见薄层的灰质条带和滑脱构造特征（图 6b），FMI 图像上在 2755.8m 也识别了相应的特征；因此第 9 回次岩心与 FMI 图像特征对应较好，岩心的深度比 FMI 成像的深度浅 2.47~2.77m。

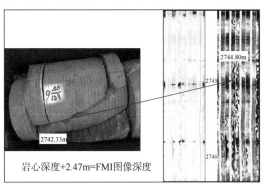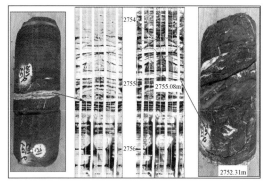

a.高导缝（第9回次）　　　　　　　　　b.滑脱构造（第9回次）

图6　裂缝和变形构造的 FMI 图像模式图

3.2.2　层理构造

层理在 FMI 图像上表现为层内颜色的细微变化，层内颜色细微变化界面即为纹层面。龙马溪组层理类型主要有块状层理、水平层理、脉状层理、波状层理、韵律层理等，夹少量灰质、粉砂质、泥质条带或薄层，常见有笔石化石和黄铁矿细晶粒[15]。龙马溪组页岩储层以水平层理最为发育，说明沉积环境水动力条件较弱，为深水陆棚低能沉积环境；普遍存在的笔石化石说明为较深水环境；椭球体形、星散状分布和结核体出现的黄铁矿晶粒说明该段地层沉积时的环境能量较低，而且缺氧，环境为还原静水条件。

保页1井自下而上钻遇的主要地层岩性为：宝塔组（2766.5～2811.2m）岩性为大套泥质灰岩和石灰岩地层，FMI 图像上主要为块状构造，局部可见缝合线构造和瘤状构造；龙一段（2733.5～2766.5m）岩性为含粉砂泥岩和页岩，底部有机碳含量较高，水平层理较发育，局部可见变形构造，FMI 图像上高导缝和高阻缝相对发育；龙二段（2708.5～2733.5m）岩性为泥质粉砂岩层；龙三段（2642～2708.5m）岩性为泥岩；小河坝组下部（2632～2642m）岩性为泥质粉砂岩和泥岩的不等厚互层，中上部（2226～2632m）为大套泥岩地层、夹薄层的泥质灰岩、泥质粉砂岩层，泥岩内部水平层理较发育，局部可见变形构造，FMI 图像上高导缝和高阻缝相对发育，局部小断层发育层段；马脚冲组（2185～2226m）为泥岩地层，水平层理较发育（图7）。

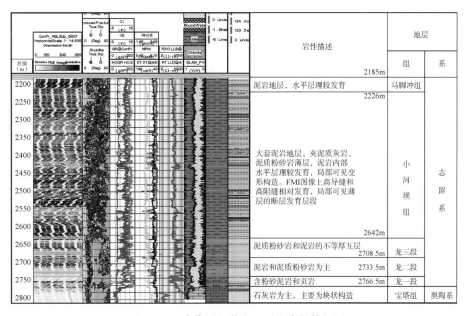

图7　FMI 成像测量井段地层和岩性特征图

其中龙一段底部为碳质泥岩地层，滑脱构造较发育，FMI图像显示高导缝和高阻缝相对发育，下部岩性为块状硅质泥岩，局部夹黄铁矿纹层及斑脱岩，笔石化石丰富；上部岩性为含粉砂质泥岩，发育水平纹层，局部夹黄铁矿纹层，富含笔石化石；FMI图像显示该套地层下部主要为块状构造，上部水平层理发育；随着水体深度变浅，陆源碎屑物质供应的增加，龙二段为含钙泥质粉砂岩，发育高频脉状层理、波状层理、透镜状层理，化石稀少，粉砂质纹层说明水动力条件相对增强，沉积物开始受到动力沉积的影响；龙三段为泥岩与粉、细砂岩不等厚互层，呈韵律结构，含笔石化石(图8)。

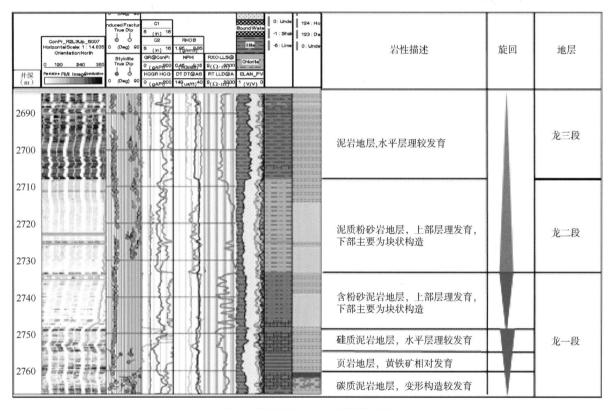

图8　层理构造的FMI图像模式图

垂向上，龙马溪组岩性由下到上变化规律为黑色碳质泥岩、黑色硅质泥岩(龙一段)—深灰色高频脉状层理粉砂岩(龙二段)—黑色泥岩、黑色碳质泥岩、深灰色脉状层理粉砂岩互层(龙三段)，反映了水体由深到浅退积—进积序列。

3.3 井旁构造分析

通过对FMI地层倾角矢量图中地层界面的分类和统计，可定量求取地层产状，再根据井旁层理的分类拾取和计算进行构造分析[16]。

从保页1井FMI图像上，可识别多个小断层(图9)，蓝色(蝌蚪)代表小断层，绿色(蝌蚪)代表地层的层理。断层在FMI图像中的典型特征是地层的错动或者缺失，局部还会造成地层的破碎特征。

保页1井地层产状分析表明：FMI测量井段地层倾向为北北西向，除顶部的地层倾角较大(48°)，其余井段的地层倾角为12°~18°。2580m附近FMI图像上可见地层较破碎的特征，且上下地层产状变化较大，分析可能为规模相对较大的一个断层发育带(图10)。

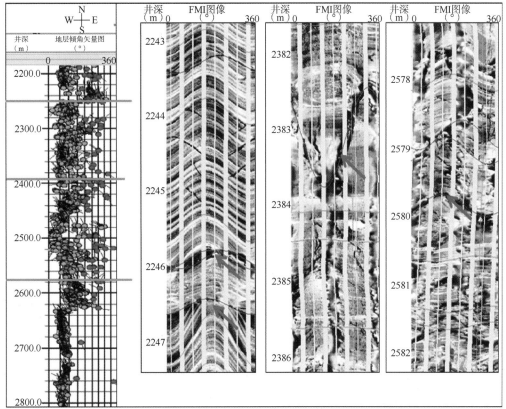

图9 断层在 FMI 图像上显示特征图

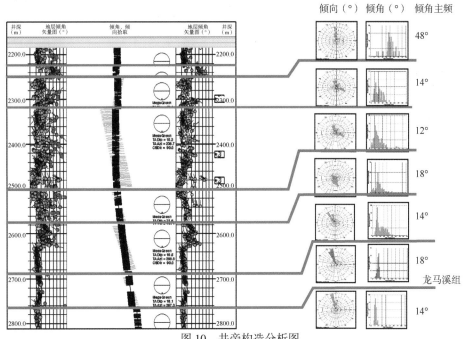

图10 井旁构造分析图

3.4 地应力分析

由于地应力方位与井眼崩落及诱导缝的方位关系密切，因此现今最大或最小水平主应力方向可通过 FMI 图像上井眼崩落及钻井诱导缝的发育方位确定。在裂缝发育段，古构造应力多被释放，保留的应力很小，其应力的非平衡性也弱；但在致密性地层中古构造应力得不到释放，且近期构造应力不容易衰减，因而在钻井过程中产生一组与之相关的诱导缝及井壁崩落[17]。在 FMI 图像上，诱导缝为一组平行且呈 180°对称的高角度裂缝，这组裂缝的走向即为现今最大水平主应力的方向；井壁崩落为两条 180°对称的垂直长条暗带或暗块，井眼崩落的方位即为地层现今最小水平主应力的方向，此外，椭圆井眼的变化也可以反映现今应力场。

保页 1 井井旁地应力分析见图 11，图中显示井眼崩落方位为近南—北向，与双井径分析结果基本一致，钻井诱导缝的走向为近东—西向，因此认为保页 1 井现今最小水平主应力方位为近南—北向、最大水平主应力方向为近东—西向。由于天然裂缝走向与地层最大水平主应力方向基本一致，当利用水平井对页岩气进行开采时，为了使井筒与天然裂缝相交，井眼轨迹应尽量沿最小主应力方向延伸，对储层的后期压裂改造最有利。

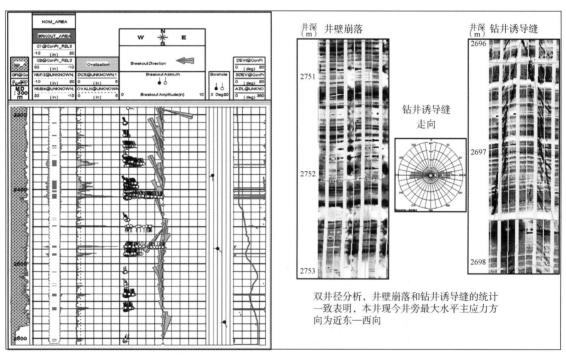

图 11　保页 1 井地应力解释图

3.5 裂缝分析

3.5.1 裂缝类型和产状

FMI 图像类似于岩心扫描照片，使裂缝识别变得更加直观和深化，通过 FMI 图像可对裂缝的产状、类别、有效性、裂缝参数及分布格局进行深入细致的研究。

保页 1 井 FMI 图像测量井段常见裂缝类型以高导缝、钻井诱导缝为主，少量的高阻缝（图 12）。其中高导缝和高阻缝属于构造缝，主要是区域古构造应力的释放而形成。高导缝在 FMI 图像上表现为黑色的正弦曲线，系钻井液侵入或泥质、导电矿物充填所致，有时也可见沿裂缝的溶蚀而变宽；高导缝为可能的开口缝，属有效缝，保页 1 井高导缝沿缝的溶蚀特征发育程度低。高阻缝在 FMI 图像上表现为相对高阻（浅色—白色）正弦曲线，系高阻物质充填或裂缝闭合而成，属无效缝。钻井诱导缝系钻井过程中产生的裂缝，呈羽状；钻井诱导缝的最大特点是沿井壁的对称方向出现，不连续，诱导缝的走向能很好地反映现今最大水平主应力的方向[18]（图 12）。

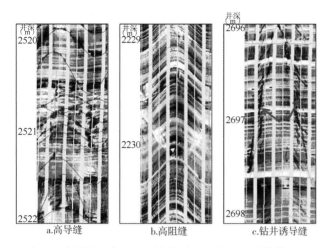

a.高导缝   b.高阻缝   c.钻井诱导缝

图 12　高导缝、高阻缝和钻井诱导缝的 FMI 图像模式图

对保页 1 井裂缝倾向统计表明，所拾取的高导

缝的倾向以近北西向为主，走向以北东—南西向为主，倾角主频为 64°，以中等角度为主；高阻缝倾向较杂乱，以北东向占优势，走向以北东—南西向为主，倾角以中低角度为主；钻井诱导缝倾向以近北向为主，走向为近东—西向，倾角主频为 88°，以高角度为主。当最大水平主应力的走向与高导缝的走向近一致时，现今地应力将有利于高导缝保持开启状态。鉴于保页 1 井钻井诱导缝的走向与高导缝的夹角较大，认为现今最大水平主应力不利于高导缝保持开启状态。

保页 1 井断层主要发育在小河坝组，断层倾向为北西向，走向为北东—南西向，倾角主频为 48°（图 13）。

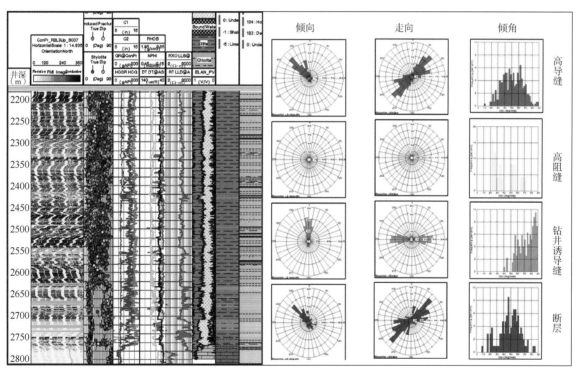

图 13　保页 1 井裂缝和断层产状统计图

3.5.2 裂缝参数定量计算

FMI 仪器主要测量相对电流，当地层的电阻率变化时，相对电阻率也发生变化。如果地层中发育高导裂缝（其中为钻井液或泥质充填），则会产生高导异常。通常，由于仪器分辨率和探测能力的限制，

实际裂缝宽度与 FMI 图像观察到的宽度有所不同。

裂缝的定量计算是通过数学物理方法，将地层测量信息回归到裂缝的实际宽度。实验发现，不同裂缝宽度将导致不同的电导异常面积，利用高导异常面积与地层电阻率和钻井液电阻率的关系可以估计裂缝宽度，判断裂缝的有效性（图 14）。

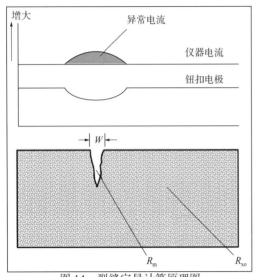

图 14　裂缝定量计算原理图

$$W = CAR_m{}^b R_{xo}{}^{1-b} \qquad (1)$$

式中　W——裂缝宽度；

　　　A——由裂缝造成的电导异常面积；

　　　R_{xo}——地层电阻率（一般情况下是冲洗带电阻率）；

　　　R_m——钻井液电阻率；

　　　C、b——与仪器有关的常数，C 取 0.004801，b 取 0.863。

A、R_{xo} 都是基于标定到浅侧向电阻 LLS 后的图像计算的。

在人工识别和拾取裂缝的基础上，实际工作中还能计算出如下 4 种裂缝参数。

（1）视裂缝密度（FVDC）：为每米井段所见到的裂缝总条数，经过倾斜方位校正后的结果（即裂缝间的夹角及与井轴的夹角校正），单位为条/m。

（2）视裂缝长度（FVTL）：为每平方米井壁所见到的裂缝长度之和，单位为 m/m²。

（3）视裂缝宽度（FVAH）：等于单位井段（1m）中各裂缝轨迹宽度的立方和开立方，是裂缝水动力效应的一种拟合，单位为 μm。

（4）视裂缝孔隙度（FVPA）：裂缝在 1m 井壁上的视开口面积除以 1m 井段中 FMI 图像的覆盖面积。

保页 1 井高导缝的裂缝参数计算结果见图 15，视裂缝长度平均为 2.44m/m²，视裂缝密度平均为 1.07 条/m，视裂缝宽度平均为 11.20μm，视裂缝孔隙度平均为 0.003%。保页 1 井高导缝在小河坝组和马脚冲组相对较发育，但裂缝宽度和裂缝孔隙度较小，有效性较差。

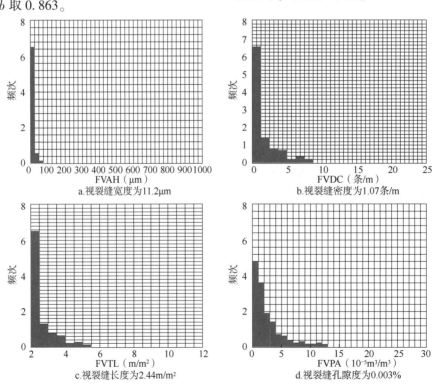

图 15　保页 1 井裂缝参数计算图

裂缝孔隙度在提供储集空间的作用相对较小，但在气孔或者溶蚀发育的层段，较少的裂缝就可以沟通气孔或溶蚀孔洞，极大地改善储层的连通性。

3.5.3 裂缝有效性分析

在非常规油气储层中，评价天然裂缝的发育状况非常重要，常用的测井方法包括方位电阻率（ARI）、电成像测井、超声波成像测井和斯通利波测井，其中斯通利波测井对于开启裂缝尤其敏感，而裂缝的开启性正是需要重点评价。评价开启裂缝是斯通利波测井的优势，但斯通利波测井同时也受井眼的影响，比如井眼坍塌、岩性界面等都会在斯通利波波形上产生反射，发射和接收模式对于裂缝的敏感程度是不同的，因此需要同时利用发射和接收模式得到反射系数，为了消除由于井眼导致的反射，处理中除了提取实测的发射和接收模式的反射系数外，同时利用正演模拟，通过对比较实测的与正演模拟的反射系数差异来确定天然裂缝的发育段。

保页1井斯通利波反射系数分析成果见图16，图中第1道是深度和能量各向异性；第2道为自然伽马与井径曲线；第3道是从FMI中识别的高导缝、诱导缝和微裂缝；第4道为斯通利波下行反射系数，蓝色为模型计算结果，红色为实测反射系数；第5道为正演的斯通利波波形；第6道为实测斯通利波波形。在FMI识别裂缝发育段2190~2625m，高导缝(红色)和微断层(蓝色)比较发育，该井段斯通利波反射系数低，实测的与正演模拟的反射系数差异较小，定性地认为裂缝有效性差；反射系数明显比较高的层段基本上和井径扩大层段相对应，其反射系数不能真实反映地层裂缝的有效性。龙马溪组内裂缝发育较少，且斯通利波反射系数较低，有效裂缝不发育。

3.6 沉积相分析

在区域地质背景分析的基础上，根据FMI图像特征，结合常规测井曲线响应特征、录井资料和岩心资料所提供的岩石颜色、粒度等信息可进行沉积相分析，按照由大到小的思路进行单井沉积旋回的划分，卡准顶底，由底至顶划分旋回。在此基础上对井剖面进行沉积（微）相的初步划分。综合研

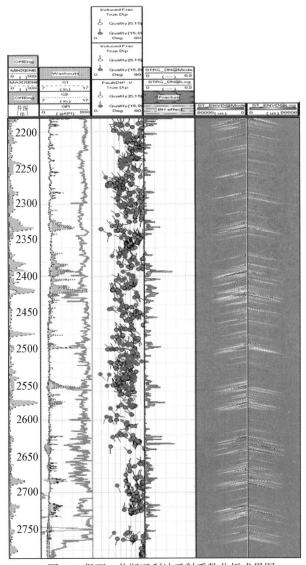

图16　保页1井斯通利波反射系数分析成果图

究认为本井测量段的沉积相主要为海相中发育一套台地—浅水陆棚沉积，局部层段为深水陆棚沉积（图17）。

保页1井宝塔组岩性特征为：顶部为泥质灰岩，FMI图像上可见瘤状构造；其下为石灰岩地层，FMI图像上主要为块状构造，局部可见缝合线构造的特征。结合区域资料分析，认为宝塔组沉积时期水动力环境较弱，主要为浅水碳酸盐岩台地环境下的潮坪—局限台地亚相沉积。

龙一段厚度较薄，约为33m，岩性为灰黑色泥岩和黑色碳质页岩，其中有机碳含量较高的页岩段为6m，FMI图像上页理较发育，黄铁矿含量相对

较高(图18),反映水动力条件较弱的还原环境,区域上该地层属于深水陆棚的沉积环境,研究区沉积厚度相对较小,结合纵向上岩性的变化特征,综合分析在该井附近存在相变的可能性,现有资料认为属深水—浅水陆棚的过渡沉积环境。

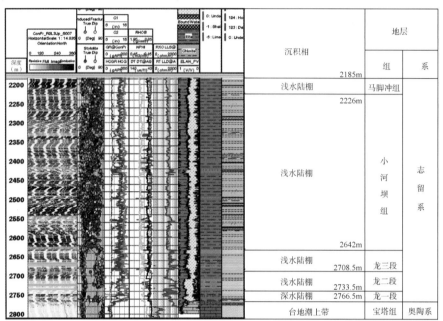

图17　FMI成像测量井段沉积相分析图

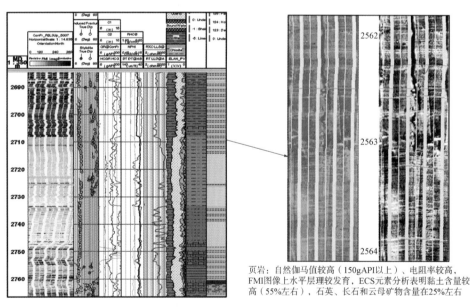

页岩:自然伽马值较高(150gAPI以上)、电阻率较高,FMI图像上水平层理较发育,ECS元素分析表明黏土含量较高(55%左右),石英、长石和云母矿物含量在25%左右

图18　FMI图像上泥质灰岩和石灰岩的结构特征图

龙二段岩性为厚层的泥质粉砂岩,龙三段为水平层理较发育的泥岩沉积,为水体相对较浅的沉积环境,FMI图像上泥质粉砂岩主要为块状构造,局部可见层理,岩石较致密,具有5%~10%的碳酸盐岩含量,自然伽马曲线形态为微齿化的箱形特征,综合分析为浅水陆棚沉积环境。

小河坝组地层厚度较大,岩性主要为大套的泥岩,夹薄层的泥质粉砂岩,FMI图像上水平层理较发育,局部可见变形构造,整体反映水动力条件较弱,分析为浅水陆棚的沉积环境。

4 结论及建议

FMI 是一种先进的成像测井技术，具有很高的分辩率，从 FMI 图像形态和颜色可以直观地反映岩性、层理、沉积韵律等地质特征，有着其他常规测井方法无法比拟的优越性，解决了复杂构造区地层评价的技术难题，已成为研究非常规、裂缝性等复杂油气藏方面的利器。

（1）FMI 电成像测井实现了对测量井段地层的岩性划分、井旁构造分析，获得最大水平地应力方位，可确定页岩裂缝产状、判断裂缝类型并定量确定裂缝参数。

（2）FMI 图像上识别保页 1 井龙马溪组岩性以含粉砂泥岩和页岩为主，页岩有机碳含量高，黄铁矿分布较明显。其中龙一段岩性为黑色碳质泥岩、黑色碳质粉砂岩，龙二段为深灰色高频脉状层理粉砂岩，龙三段为黑色泥岩、黑色碳质泥岩、深灰色脉状层理粉砂岩互层，反映自下而上水体由深到浅的退积—进积序列。

（3）FMI 图像显示高导缝在小河坝组和马脚冲组相对较发育，裂缝宽度和裂缝孔隙度较小；龙马溪组裂缝发育程度较低，且裂缝有效性较差，现今井旁最大水平主应力分向为近东—西向；发育多个小断层和一个规模相对较大的断层（2580m 附近），龙马溪组的地层倾向以北北西向为主，倾角主频为 18°。

（4）在实际工作中，FMI 也存在着一些问题，如费用高、测速慢，在不导电地层会漏测，井眼不规则时测量效果不太好，有时识别地质特征存在多解性，相信随着技术进步和仪器改进，FMI 会取得更好应用效果，在油气勘探开发中发挥更大作用。

参考文献

[1] 闫建平，蔡进功，赵铭海，等．电成像测井在砂砾岩体沉积特征研究中的应用[J]．石油勘探与开发，2011，38（4）：444-451．

[2] 于会媛，宋公仆，蔡池渊，等．核磁共振测井仪器现状及展望[J]．国外测井技术，2012，33（2）：14-17，3．

[3] 李勇，王兴志，梅秋勇，等．成像测井资料在川西北地区中二叠统沉积相研究中的应用[J]．地球物理学进展，2018，33（3）：1066-1074．

[4] 周永亮，许春艳，黄在友，等．地层倾角测井资料在大港油田应用研究[J]．测井技术，2006（6）：565-567，586．

[5] 唐军，高楚桥，金云智，等．FMI 测井资料处理在塔中 62-83 井区储层定量评价中的应用[J]．石油天然气学报，2009，31（1）：57-60，391．

[6] 刘国强．非常规油气勘探评价技术的挑战与对策[J]．石油勘探与开发，2021，48（5）：891-902．

[7] 谢丽，李军，马建海．成像测井技术在柴达木盆地藻灰岩储层评价中的应用[J]．中国石油勘探，2006（6）：71-76，130-131．

[8] 王玉杰，赵迪斐，卢琪荣，等．纹层、夹层沉积构造对海相页岩层储集和脆性影响：以四川盆地龙马溪组页岩为例[G]//天然气文集编委会．天然气文集 2019 年下卷．北京：石油工业出版社，2019：66-73．

[9] 陈志勇，霍玉雁，贾英兰．FMI 成像测井在柴达木盆地的应用[J]．石油天然气学报（江汉石油学院学报），2005（5）：602-604，541．

[10] 孙鲁平，首皓，赵晓龙，等．基于微电阻率扫描成像测井的沉积微相识别[J]．测井技术，2009，33（4）：379-383．

[11] 李斌，张跃恒，崔春兰，等．湖南省保靖地区龙马溪组页岩气地质特征与成藏模式研究[J]．中国地质调查，2019，6（1）：17-25．

[12] 李启翠，楼一珊，史文专，等．FMI 成像测井在四川盆地页岩气地层中的应用[J]．石油地质与工程，2013，27（6）：58-60，150．

[13] 王俊鹏，张惠良，张荣虎，等．FMI 资料在库车坳陷深层致密砂岩储层中的应用[J]．大庆石油地质与开发，2013，32（2）：164-169．

[14] 董振国，龚长芳．核磁共振测井在页岩气储层物性评价中的应用[G]//天然气文集编委会．天然气文集 2020 年下卷．北京：石油工业出版社，2020：51-59．

[15] 严伟，刘帅，冯明刚，等．四川盆地丁山区块页岩气储层关键参数测井评价方法[J]．岩性油气藏，2019，31（3）：95-104．

[16] 吴庆红，李晓波，刘洪林，等．页岩气测井解释和岩心测试技术：以四川盆地页岩气勘探开发为例[J]．石油学报，2011，32（3）：484-488．

[17] 梁亚林．利用测井资料研究含煤地层沉积环境[J]．中国煤田地质，2000（3）：15-16，53．

[18] 王龙，张金川，唐玄．鄂尔多斯盆地下寺湾—云岩地区长 7 段页岩气测井评价与分布规律研究[J]．中国石油勘探，2019，24（1）：129-136．

川中—川北地区侏罗系正断层特征及其地质意义

苏　楠[1,2]，陈竹新[1,2]，王丽宁[1,2]，杨　威[1]，杨春龙[1]，王志宏[1]，

金　惠[1]，莫午零[1]，马雪莹[1]，张　豪[3]

1 中国石油勘探开发研究院，北京 100083；2 中国石油盆地构造与油气成藏重点实验室，北京 100083；

3 中国石油杭州地质研究院，浙江杭州 31023

摘　要：断层是致密油气运聚的重要控制因素，而前人对四川盆地浅层断层研究较少，勘探上则局限于局部刻画而缺乏系统认识。本次研究基于大量地震资料，发现四川盆地川中—川北地区侏罗系内广泛发育一套正断层。正断层以北东东走向为主，呈现多条小断层软连接形成的断层带。其贯穿地层主要为下侏罗统—上侏罗统遂宁组，部分切入三叠系，断距呈现上小、下大特征，表明其呈现侏罗纪中期和晚期两期活动。格架剖面及不同区块三维地震显示该组断层分布较广，现今川中地区构造高部位、北斜坡区、米仓山—大巴山前均有发育。正断层的发育指示四川盆地侏罗纪中—晚期存在陆内坳陷弱伸展作用，而非持续的前陆盆地发育。正断层有利于沟通下伏下侏罗统及须家河组烃源岩与沙溪庙组储层，断层附近及软连接部位有利于形成裂缝性储层，对进一步明确致密油气成藏机制及有利勘探区带具有建设性意义。

关键词：四川盆地；侏罗系；正断层；侏罗纪弱伸展；地质意义

Features of Normal Faults in Jurassic in Central–Northern Sichuan Basin and Its Geological Significance

Su Nan[1,2], Chen Zhuxin[1,2], Wang Lining[1,2], Yang Wei[1], Yang Chunlong[1],

Wang Zhihong[1], Jin Hui[1], Mo Wuling[1], Ma Xueying[1], Zhang Hao[3]

1 PetroChina Research Institute of Petroleum Exploration & Development，Beijing 100083，China；

2 Key Laboratory of Basin Structure & Hydrocarbon Accumulation，CNPC，Beijing 100083，China；

3 Petrochina Hangzhou Research Institute of Petroleum Geology，Hangzhou 310023，China

Abstract：Faults are important controlling factors of hydrocarbon accumulation in tight reservoirs. Researches on faults in shallow strata in Sichuan Basin are rarely involved in former studies，and are mainly focused on meticulous depiction in key areas but lack of systematic understanding. Based on seismic data，it is discovered that normal faults are widely developed in central–northern Sichuan Basin in Jurassic Strata. The normal faults mainly strike NEE，and consist of several small faults with weak linkage. The faults mainly extend from lower to upper Jurassic Strata，and part of them cut into upper Triassic Strata. The fault displacement of

基金项目：中国石油前瞻性基础性技术攻关项目；中国石油勘探开发研究院学科项目（YJXK2019-1）。

第一作者简介：苏楠，1985 年生，男，博士，高级工程师，主要从事构造地质和石油天然气地质综合研究工作。

邮箱：sunan11a23@ petrochina. com. on

the same fault is larger in the upper part than the lower part，which shows that the faults are developed in two periods-middle and late Jurassic period. From framework sections and 3D seismic sections in different parts of the basin，it is found the fault are widely distributed in different tectonic positions. According to the discovery of normal faults，it is considered that the tectonic setting in middle-late Jurassic in Sichuan Basin is weak intracontinental depression rather than continuous foreland basin evolution. The normal faults are beneficial for the connection of reservoirs in Shaximiao and underlying source rocks in lower Jurassic Strata and Xujiahe Formation. The area near normal faults and weak linkage areas are favorable zones for fractured reservoirs. The new advances of normal faults in Sichuan Basin could be contributed to the cognition of hydrocarbon accumulation mechanism in tight reservoirs and future discovery of favorable exploration regions.

Key words：Sichuan Basin；Jurassic；normal faults；Jurassic weak extension；geological significance

四川盆地侏罗系是近期非常规油气勘探的重要领域，主要包括中侏罗统沙溪庙组致密砂岩气和中—下侏罗统自流井组—凉高山组页岩油。其中致密砂岩气藏以沙溪庙组为主，目前以致密气效益勘探开发为核心，已经发现并建成孝泉—新场、金秋、白马庙、五宝场、八角场、中江等多个大中型气田[1-3]；天然气资源潜力大、分布广，核心建产区现主要围绕须家河组生烃中心所在的川西坳陷，勘探范围可进一步扩展。中—下侏罗统自流井组—凉高山组大面积发育优质烃源岩，泥页岩分布范围广、可勘探规模大，烃源岩成熟度高，烃类易流动获高产。目前发现集中在川中地区大安寨段，近期川东地区多口井在凉高山页岩层系中获得突破，展现了侏罗系具有较大页岩油气勘探潜力。

前人基于勘探实践对川西坳陷地区致密砂岩油气富集规律进行分析，已经提出断层系统在断砂配置、天然气运移方面具有重要控制作用[4-7]。但对于四川盆地侏罗系而言，一方面对于浅层断层研究较少，勘探上集中于重点建产区的断层刻画，但整体上有点无面缺少系统性认识，从而在对断层控油气作用分析时不够完善；另一方面，前期的认识认为，浅层断层主要为受燕山—喜马拉雅运动逆冲挤压下形成的相关逆断层，但通过大量二维和三维地震测线观察发现并非如此。因此本次研究对川中—川北地区浅层侏罗系内部断层特征进行刻画，发现在川中—川北地区发育一套正断层，并对其油气控制意义和其反映的形成时应力背景进行了分析。

1 研究区概况

四川盆地被围限在华北、扬子和羌塘三大陆块的拼接构造之间，构造演化受到周缘冲断带演化的控制。三叠纪以前为长期的碳酸盐岩台地沉积，三叠纪印支期以来盆地构造环境发生巨大变化，板块的拼合使盆地由拉张环境转为挤压环境，周缘冲断褶皱带开始形成，同时前陆坳陷开始发育，整体挤压环境一直持续到燕山—喜马拉雅期，使得盆地内构造格局最终定型。川中—川北地区印支期以来的构造演化受到西侧龙门山及北侧米仓山—大巴山的控制。西侧龙门山晚三叠世由于华北板块、华南板块和羌塘板块的聚合碰撞，古特提斯松潘洋和秦岭洋关闭，龙门山自北西向南东逆冲推覆。新生代以来受印度板块和欧亚板块的持续碰撞影响，龙门山褶皱冲断带作为青藏高原东缘的边界，再次复活并发生剧烈的隆升。北侧大巴山变形时，前人研究存在燕山期—新生代两期变形和印支期—燕山期—新生代三期变形两种认识，主要受印支期秦岭洋闭合、燕山期陆内造山和新生代青藏高原向东扩展三方面构造演化控制。

侏罗系在整个四川盆地均有分布，表现为红色的陆源冲积扇、河流和湖泊相沉积，岩性组成包括砾岩、砂岩、粉砂岩、页岩和泥岩。其中侏罗统沙溪庙组为一套巨厚的红色泥岩夹河道砂体，为重要的储层段，发育河流—三角洲—湖泊沉积体系，河道砂体广泛发育，多期砂体叠置发育，储层物质基础好；下侏罗统发育凉高山组、大安寨组、东岳庙组3套烃源岩，其本身也是页岩油气的重要勘探领域，其中凉高山组为三角洲—湖相沉积，富有机质页岩与三角洲前缘或浊流中薄层砂岩组合，东岳庙段与大安寨段为介壳滩—湖相沉积，半深湖富有机质页岩与浅湖薄层介壳灰岩组合。

2 断层特征及展布

通过二维和三维地震刻画及三维相干体切片分析，本次研究发现在川中—川北地区中—下侏罗统中，广泛发育一套正断层，以北东东走向为主（图1）。通过断层剖面特征分析，认为其存在两期发育，分别为侏罗纪中期和晚期。

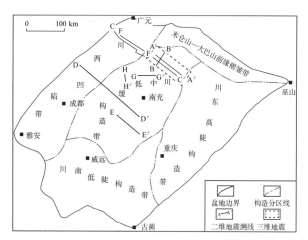

图1 四川盆地构造分区及地震测线位置图

2.1 断层特征

2.1.1 剖面特征

以四川盆地川北龙岗地区为例，该地区中—浅层以侏罗系底部为界发育两套断层体系（图2、图3）。一套为受大巴山方向挤压和嘉陵江组膏盐岩滑脱层控制的逆断层，其多发育于三叠系之内。

而侏罗系及以上地层则发育一套正断层。该组断层以单条或者两条对倾的正断层为主要特征，部分可见"Y"形特征，未观察到明显的正/负花状构造。断层具有明显正断距，不具备走滑断层典型的花状构造，断层倾角基于地震剖面进行计算（测量剖面中水平方向距离、基于时间厚度和地层速度计算纵向距离），为45°~60°，并且在平面展布上以断续的多条小断层组成，未见连续且延伸较长的主断层带及明显的伴生雁裂结构。因此认为该组断层以正断层为主。

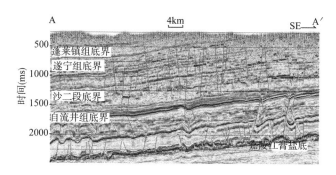

图2 龙岗地区SE向三维地震测线断层解释结果图

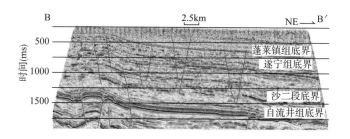

图3 龙岗地区NE向三维地震测线断层解释结果图

断层贯穿地层主要为下侏罗统自流井组至上侏罗统遂宁组底界以下，少量切入下伏三叠系须家河组，但整体上在三叠系内并不大量发育，部分向上贯穿遂宁组底界，多不延伸至蓬莱镇组底界。该组断层垂向断距较小且上下具有差异。以图3（B—B′）剖面为例，图中规模较大且切过沙二段底界和遂宁组底界的4条主要断层，时间剖面解释其在沙二段底界垂向断距为7.54~13.54ms，平均为13.82ms，在遂宁组底界断距为2.51~6.29ms，平均为4.39ms。可见该组断层本身纵向断距较小，在沙二段底界断距明显大于遂宁组底界断距，由此认为该组断层可能存在两期发育，在侏罗纪中期（沙溪庙组沉积期之后）为主要发育期，在侏罗纪晚期再次活动但活动较弱，导致断距进一步增大。断层不贯穿蓬莱镇组底界，说明该组断层的形成不早于侏罗纪晚期。并且考虑到中—下侏罗统与上侏罗统均以陆相沉积的砂泥岩为主要岩性，因此不会形成例如四川盆地嘉陵江组较厚膏盐滑脱层上下的构造分层。所以认为该组断层二次活动时间晚于遂宁组沉积，早于蓬莱镇组沉积期末，即为侏罗纪晚期。

2.1.2 平面特征

对龙岗三维地震研究区进行侏罗系沙溪庙组沙二段底界顺层相干体切片，以分析该组断层的平面展布特征（图4，研究区位置见图1）。三维相干体技术是常用的断层检测方法，反映受构造影响而产生断层导致的原本连续的地层地震信号发生错断的现象，以快速识别出三维地震研究区内的断层及详细分析其展布特征[8-11]。通过相干体切片分析，在区块内存在北东东、北东走向两个方向断层（区域左端北西向大断层为受嘉陵江组膏盐滑脱层控制的逆断层），两个方向断层由多条不连续的小断层组成。单条断层延伸长度较短，长度为1.7~4.4km，且延伸相对弯曲，符合正断层平面特征。断层之间多以软连接为主，即断层间没有直接延伸互相相交[12]，而是端点间发育小断裂，或在相干体切片结果显示断层间存在相对破碎带。

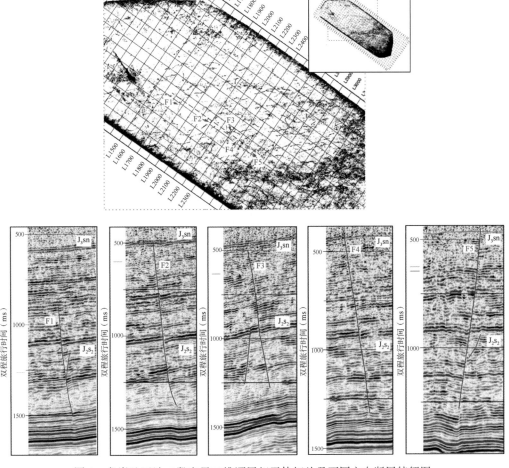

图4 龙岗地区沙二段底界三维顺层相干体切片及不同方向断层特征图

北东方向与北北东方向两组断层在剖面特征上比较一致，图4中F1—F5为同一地震测线上5条断层，其中F1、F2、F5为北东走向断层，F3和F4为北东东向断层，其断层倾角基本一致，正断距大小接近，贯穿地层均主要为中、下侏罗统，部分贯穿上侏罗统蓬莱组底界。从断层剖面特征上难以区分两组断层在机制和期次上的差异。平面上两组断层延伸均较短，分布区域没有明显差异，呈现间隔发育特征，北北东向断层发育较为密集，北东向断层数量较少且发育间距则相对较远，因此认为北东东向断层为该组断层的主要方向。考虑到简单伸展作用形成的断裂系统一般是没有严格的方向性的（可以是多方向的断裂发育），但龙岗地区正断层具有较为一致的走向，因此推测在该组正断层形成时可能具有斜向拉伸的应力背景。

2.2 断层展布范围

除川北龙岗地区以外，该组断层在盆地其他地区同样发育，通过搭建二维格架剖面及不同区块三维地震数据以明确其分布范围。图5格架剖面位于盆地北部，剖面左端为双鱼石构造东侧川西前陆凹陷，右端为龙岗地区且并未进入川东高陡构造带。正断层在接近冲断带的坳陷区发育较少，而以东地区则发育较为明显，同样以单条或对倾两条正断层为主要特征，断层主要贯穿中—下侏罗统，部分贯穿上侏罗统遂宁组底界，但断距较小且未向上延伸。图6格架剖面位于盆地中部，西端为川西前陆坳陷，东端为高磨地区。正断层同样在中—下侏罗统中比较发育且具有相似的特征。

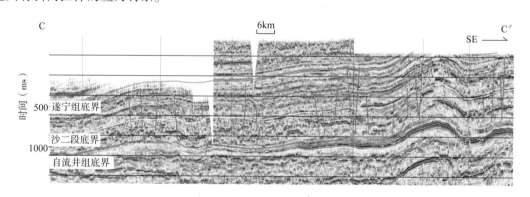

图5　盆地北部二维格架线正断层展布特征图

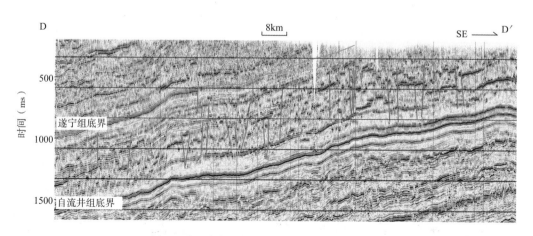

图6　盆地中部二维格架线正断层展布特征图

通过不同位置三维地震数据解释可以发现，正断层在川中—川北地区广泛发育。图7中三维地震

剖面位于盆地现今不同构造位置，其中E—E′（图7a）位于川中地区，为盆地构造较为稳定的高

部位，F—F′（图7b）位于川西北部龙门山与米仓山—大巴山前的九龙山—剑阁地区，G—G′（图7c）和H—H′（图7d）则位于现今川中北斜坡区的公山庙和八角场地区。尽管所处现今构造位置不同，该组正断层的发育特征在几何特征、断距、贯穿地层

等方面较为一致。而在断层形成的侏罗纪中晚期，米仓山—大巴山尚未快速隆升，基于沙溪庙组沉积相平面展布特征，川中地区及北斜坡则位于相对低部位，而川北地区位于相对高部位。

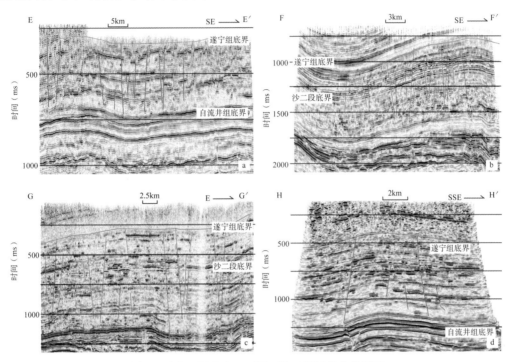

图7 川中—川北地区不同区块正断层发育特征图

3 讨论

3.1 油气地质意义

川中—川西坳陷侏罗系沙溪庙组已有大量油气发现，勘探结果及地球化学分析表明，沙溪庙组天然气主要来源于下伏中—下侏罗统烃源岩和三叠系须家河组煤系烃源岩，而不同区块主要来源不同[13-15]，如川西地区主要来自于须家河组煤系烃源岩，川中北地区主要来自于侏罗系湖相烃源岩，川东北地区主要来自于须家河组煤系烃源岩和侏罗系湖相烃源岩，整体具有"深源浅聚、相储密切、断层输导、圈闭富集"的成藏富集规律[16-17]。三叠系须家河组生烃中心位于川中—川西地区，侏罗系发育凉高山组、大安寨组、东岳庙组及珍珠冲组4组烃源岩，其厚度及TOC含量在川中北—川东北地区较好。

沙溪庙组致密储层与烃源未直接接触，远源聚集，需要断层沟通烃源。勘探实践证实了断层对沙溪庙成藏的重要作用，川西南地区平落坝、大兴场、苏码头等气藏的发现证实逆断层的沟通作用。前人通过示踪法也落实了烃源断层是沙溪庙组油气的运移通道[18-19]。本次研究所提出的正断层，自下侏罗统发育，贯穿至沙溪庙组及上覆地层，而不切穿至地表破坏，能够沟通有利储层与下伏侏罗系内部烃源岩层，形成油气运移通道。成都凹陷马井地区沙溪庙组气藏特征显示，该类正断层具有沟通烃源并控制成藏的作用（图8）。以往研究多提出逆断层发育的构造及区带为致密油气勘探有利区带[1,14]，而对于川中—川北地区逆断层不发育、侏罗系内部烃源条件相对优越及宽缓向斜部位地区研究较小，该组具有沟通烃源作用正断层的发现对新甜点区的认识和发现具有重要意义。

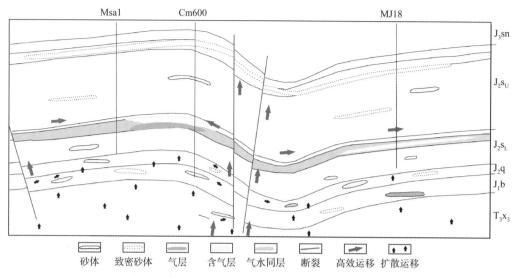

图8　成都凹陷马井地区沙溪庙组气藏剖面图[18]

以往研究强调断层发育有助于改善储层物性，断层作用产生的裂缝有利于提高储层渗透性，尤其对于本身较为致密的沙溪庙组优质储层分布具有控制作用。另外，该组断层在平面上呈现出由多条小断层组成的断层带，断层之间多为软连接，并未完全连通在一起，而是发育小断裂或不发育断裂。断层的端点一般为应力集中区，两条断层端点间应力集中故裂缝等可能更为发育。四川盆地侏罗纪晚期之后经历了燕山期和新生代的强烈变形，先存断层的端点附近容易再次集中应力并产生裂缝。

3.2 侏罗纪盆地构造背景

川中—川北地区前陆盆地经历了两期演化，前人研究多认为盆地三叠纪到侏罗纪中晚期，主要受控于印支期华北及华南板块闭合而处于前陆盆地演化阶段，而晚侏罗世之后受燕山期陆内造山控制，米仓山及大巴山快速隆升，川北前陆盆地进一步发育。以往一般认为这两个阶段较为连续，形成了持续的挤压环境。

然而基于本次研究刻画的正断层特征、分布及期次的判定，对应认为在侏罗纪盆地中部—北部存在一次弱拉张。即在印支期秦岭洋关闭、华南华北板块拼合之后，在早燕山期挤压变形开始之前，盆地内存在一期陆内坳陷弱伸展，而并非持续处于前陆盆地演化阶段。正断层主要为北东东走向，与现今大巴山构造带北西走

向并不一致，表明其不受控于大巴山冲断带的控制，也与西侧龙门山北东向构造带无明显关联性。而对于正断层形成的构造背景，前人在华北板块鄂尔多斯盆地发现侏罗系内同样发育近东西向的正断层，认为当时其处于弱拉张背景，动力来源于华南、华北板块碰撞造山后垮塌[20-22]。在大陆碰撞的早期，阶段板缘处于挤压构造背景，而在晚期，伴随着造山后的垮塌转变为伸展构造背景[23-24]。四川盆地与鄂尔多斯盆地分别位于秦岭造山带两侧，距离较近，在印支期华南、华北板块拼合后整体构造环境较为接近，而两个盆地正断裂走向、板块间造山带走向均为近东西向。因此认为，川中—川北地区正断裂同样为板块碰撞造山后陆内拉张的结果。

4 结论

（1）本次研究基于川中—川北地区二维、三维地震解释及典型区相干体切片，发现发育了一套区域性正断层，该套断层呈北东向、北东东向两个方向展布，由多条小断层组合成断裂带，形成于侏罗纪中—晚期。

（2）该套断层在下侏罗统—上侏罗统中发育，部分切入须家河组，能够形成致密砂岩储层与下伏烃源岩层的油气运移通道。其发育有利于周围及软连接处裂缝性储层的发育，对寻找下一步致密油气勘探甜点区具有建设意义。

（3）正断层发育反映四川盆地中晚期存在一期陆内弱伸展，而非持续的前陆盆地演化，其应力背景可能来源于印支期华南、华北板块碰撞后的垮塌。

参考文献

［1］ 付菊，操延辉，叶素娟，等．次生致密砂岩气藏甜点综合评价：以四川盆地中江气田侏罗系气藏为例［J］．天然气工业，2019，39（增刊1）：23-29.

［2］ 杨克明，朱宏权，叶军，等．川西致密砂岩气藏地质特征［M］．北京：科学出版社，2012.

［3］ 朱宏权，张庄，南红丽，等．叠覆型致密砂岩气区成藏富集规律与勘探实践［J］．天然气工业，2019，39（增刊1）：9-16.

［4］ 杨帆，孙准，赵爽．川西坳陷回龙地区沙溪庙组成藏条件及主控因素分析［J］．石油实验地质，2011，6（33）：569-573.

［5］ 陈冬霞，王雷，庞雄奇，等．断裂对川西坳陷致密砂岩气藏天然气运聚的控制作用［J］．现代地质，2013，27（5）：1137-1146.

［6］ 曾焱，黎华继，周文雅，等．川西坳陷东坡中江气田沙溪庙组复杂"窄"河道致密砂岩气藏高产富集规律［J］．天然气勘探与开发，2017，40（4）：1-8.

［7］ 李忠平，冉令波，黎华继，等．窄河道远源致密砂岩气藏断层特征及天然气富集规律：以四川盆地中江气田侏罗系沙溪庙组气藏为例［J］．天然气工业，2016，36（7）：1-7.

［8］ 王开燕，徐清彦，张桂芳，等．地震属性分析技术综述［J］．地球物理学进展，2013，28（2）：815-823.

［9］ 马德波，汪泽成，段书府，等．四川盆地高石梯—磨溪地区走滑断层构造特征与天然气成藏意义［J］．石油勘探与开发，2018，45（5）：795-805.

［10］ 胡伟光，李发贵，范春华，等．四川盆地海相深层页岩气储层预测与评价：以丁山地区为例［J］．天然气勘探与开发，2019，42（3）：66-77.

［11］ 姜晓宇，张研，甘利灯，等．花岗岩潜山裂缝地震预测技术［J］．石油地球物理勘探，2020，55（3）：694-704.

［12］ Gupta A，Scholz C H．A model of normal fault interaction based on observations and theory［J］．Journal of structural Geology，2000，22（7）：865-879.

［13］ 王玲辉，赵虎，沈忠民，等．四川中江气田沙溪庙组天然气成因类型及气源对比［J］．成都理工大学学报（自然科学版），2017，2（44）：158-163.

［14］ 肖富森，黄东，张本健，等．四川盆地侏罗系沙溪庙组天然气地球化学特征及地质意义［J］．石油学报，2019，40（5）：568-576，586.

［15］ 徐宇轩，代宗仰，胡晓东，等．川东北沙溪庙组天然气地球化学特征及地质意义：以五宝场地区为例［J］．岩性油气藏，2021，33（1）：209-219.

［16］ 杜敏，陈盛吉，万茂霞，等．四川盆地侏罗系源岩分布及地化特征研究［J］．天然气勘探与开发，2005，28（2）：15-17.

［17］ 李军，王世谦．四川盆地平昌—阆中地区侏罗系油气成藏主控因素与勘探对策［J］．天然气工业，2010，30（3）：16-21.

［18］ 张庄，杨映涛，朱丽，等．成都凹陷中侏罗统沙溪庙组天然气运移机制［J］．长江大学学报（自然科学版），2017，7（14）：1-7，9.

［19］ 阎丽妮，杨映涛，蔡李梅，等．储层流体特征在天然气运移中的示踪意义探讨：以川西坳陷中段龙门山前中侏罗统上、下沙溪庙组气藏为例［J］．石油地质与工程，2021，35（2）：35-39.

［20］ Zhang Yueqiao，Shi Wei，Dong Shuwen．Changes of Late Mesozoic tectonic regimes around the Ordos Basin（North China）and their geodynamic implications［J］．Acta Geologica Sinica，2011，85：1254-1276.

［21］ Ritts B，Darby B，Cope T．Early Jurassic extensional basin formation in the Daqing Shan segment of the Yinshan belt，northern North China Block，Inner Mongolia［J］．Tectonophysics，2001，339：239-258.

［22］ 林伟，曾纪培，孟令通，等．伸展构造与华北克拉通破坏：花岗岩磁组构和变质核杂岩的构造分析［J］．中国科学：地球科学，2021，51：1-37.

［23］ Zheng Yongfei，Zhao Zifu，Chen Renxu．Ultrahigh-pressure metamorphic rocks in the Dabie-Sulu orogenic belt：Compositional inheritance and metamorphic modification［M］．London：Geological Society London Special Publications，2019：89-132.

［24］ Yang Jinhui，Chung Sunlin，Wilde S A，et al．Petrogenesis of post-orogenic syenites in the Sulu Orogenic Belt，East China：Geochronological，geochemical and Nd-Sr isotopic evidence［J］．Chemical Geology，2005，214：99-125.

四川盆地焦石坝地区五峰组—龙马溪组页岩层序地层划分及含气性预测
——以 JY-2 井为例

刘天娇[1]，张妍煜[2]，赵迪斐[2,3]

1 山东科技大学地球科学与工程学院，山东青岛 266590；2 中国矿业大学，江苏徐州 221116；

3 山东省沉积成矿作用与沉积矿产重点实验室，山东青岛 266590

摘 要： 四川盆地焦石坝地区上奥陶统五峰组—下志留统龙马溪组发育了一套富有机质泥页岩，是华南地区海相地层中的优质烃源岩之一，且分布面积广，页岩气开发工作成效显著，但对于这套细粒沉积物层序内部体系域的划分界面认识还不一致。根据岩性岩相和测井参数对海平面响应的敏感变化特征，对 JY-2 井五峰组—龙马溪组的体系域和层序界面进行了识别和分析，获得高分辨率层序与页岩含气性的关系。结果表明，JY-2 井五峰组—龙马溪组第一个三级层序的海侵体系域发育泥页岩气层，高位体系域发育泥页岩含气层和泥页岩气层，第二个三级层序的低位体系域发育泥页岩气层、含气层和泥页岩含气层。整体来看，泥页岩气层气测全烃含量高，含气性好，其次为含气层和泥页岩含气层。研究成果，对于建立研究区内的高精度层序地层格架具有指导意义，同时将为四川盆地及其周缘五峰组—龙马溪组页岩气和世界其他地区海相页岩气勘探开发提供参考。

关键词： 高分辨率层序地层学；页岩气；四川盆地；焦石坝地区；五峰组—龙马溪组

Sequence Stratigraphic Division and Gas Bearing Prediction of Shale Strata from Wufeng Formation to Longmaxi Formation in the Jiaoshiba Area, Sichuan Basin：Taking JY-2 Well as An Example

Liu Tianjiao[1], Zhang Yanyu[2], Zhao Difei[2,3]

1 College of Earth Science and Engineering, Shandong University of Science and Technology, Qingdao, Shandong 266590, China；
2 China University of Mining and Technology, Xuzhou, Jiangsu 221116, China；
3 Key Laboratory of Sedimentary Mineralization and Sedimentary Minerals, Qingdao, Shandong 266590, China

Abstract： The Wufeng Formation of Upper Ordovician-Longmaxi Formation of Lower Silurian in the Jiaoshiba Area of the Sichuan Basin developed a set of organic-rich shale, which is one of the high-quality source rocks in marine strata of South China. The shale gas development has achieved remarkable results due to its wide distribution area, but the understanding of the dividing interface of the internal system tract of this set of fine-grained sediment

基金项目： 刘宝珺地学青年科学基金（DMSMX2019002）；江苏省高等学校大学生创新创业训练项目（202110290304H）资助。

第一作者简介： 刘天娇，1996 年生，女，硕士，主要研究方向为层序地层学和油气地质等。

邮箱：1696368284@ qq. com

通信作者简介： 赵迪斐，1991 年生，男，博士，讲师，主要从事非常规油气地质方面的教学和研究工作。

邮箱：diffidiffi@ 126. con

sequences is not consistent. According to the sensitive change characteristics of lithology, lithofacies and well logging parameters to sea level response, the system tract and sequence boundaries of Wufeng Formation - Longmaxi Formation in Well JY-2 were identified and analyzed, and the relationship between high resolution sequence and shale gas content was investigated. The first tertiary sequence of Wufeng Formation-Longmaxi Formation in Well JY-2 has shale gas-bearing layers, and the highstand system tract develops shale gas-bearing layers and shale gas layers. The low-stand system tract of the second tertiary sequence develops shale gas layers, gas-bearing layers and shale gas-bearing layers. On the whole, mud shale gas layers have the highest methane and total hydrocarbon content, and have the best gas-bearing properties, followed by gas-bearing layers and mud shale gas-bearing layers. The research results have guiding significance for the establishment of high-precision sequence stratigraphic framework in the study area, and will provide reference for the exploration and development of shale gas in Sichuan Basin and its surrounding Wufeng Formation—Longmaxi Formation and marine shale gas in other regions of the world.

Key words: high-resolution sequence stratigraphy; shale gas; Sichuan Basin; Jiaoshiba area; Wufeng Formation—Longmaxi Formation

层序地层学通过建立沉积盆地的等时地层格架，预测不同类型储集体的展布、性质。直接对生油层系的层序划分研究相对较少，尤其对生储盖一体的泥页岩油气藏的层序地层精细表征存在明显不足[1-6]。页岩气主要以吸附态和游离态赋存于页岩微纳米孔隙—裂隙系统中，是一种典型的自生自储型非常规天然气[7-8]。对于泥页岩层序划分来说，主要目的是基于划分的层序界面对优质烃源岩段展布特征进行预测。四川盆地焦石坝地区五峰组—龙马溪组属于陆棚相沉积，主要由海相泥页岩构成，其沉积环境格局的复杂性及其对优质烃源岩类型分布、厚度和规模的控制作用研究不够，从而直接影响了对五峰组—龙马溪组页岩气勘探前景的客观评价。前人对四川盆地主要页岩气井的生物地层进行研究后发现，目前的岩相小层划分方案存在严重的穿时问题，制约了对四川盆地页岩气储层特征问题的深入研究[9-15]。因此，进行泥页岩高分辨率层序地层划分对于水平井的布置和页岩气勘探开发潜力评价具有重要现实意义。本文针对焦石坝地区泥页岩高分辨率层序地层划分的研究现状，综合利用岩性岩相分析和测井资料进行页岩高分辨率层序地层划分，提高层序地层划分的准确性和可靠性，旨在为下一步页岩气勘探提供理论依据。

1 区域地质概况

四川盆地位于扬子准地台四川台坳，是一个古生代—中新生代海陆相复杂叠合盆地[16]。焦石坝区块位于四川盆地东南部，属于川东高陡褶皱带内一个特殊的"洼中隆"正向构造，面积约为347km²（图1）[17]。

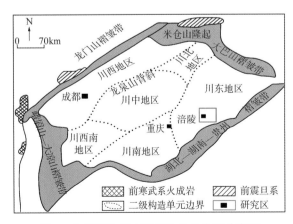

图 1 焦石坝地区在四川盆地的位置分布图

构造上，焦石坝区块整体呈北东向展布，东西两翼受北东向(大耳山西断层和石门断层)和近南北向(乌江断层)两组逆断层夹持围限，北侧与天台场断层相接[18-19]。焦石坝地区的构造主体为一个平缓的断背斜，边缘被多条断层夹持。该区发育的断层主要为逆断层，展布方向主要为北东向、南北向[20]。焦石坝断背斜核部变形程度整体较弱，背斜形态完整、顶部宽缓、地层倾角小(通常介于5°~10°)、断层发育程度较低，翼部陡倾(可达30°以上)、断层较为发育(图2)。

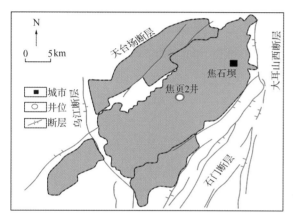

图2 研究区井位分布与构造纲要图

焦石坝地区上奥陶统五峰组—下志留统龙马溪组整体处于陆棚相沉积环境，发育了一套厚度大、分布广泛的富有机质泥页岩，该套泥页岩岩性较单一、粒度细、富含生物化石[21]。根据钻井资料显示，五峰组—龙马溪组页岩横向分布稳定，厚度分布范围为80~120m[22]。焦石坝地区下志留统龙马溪组页岩层系龙马溪组上部主要发育浅灰色、灰色泥岩，中部主要为灰色—深灰色泥质粉砂岩、灰色粉砂岩，下部发育深灰色—黑色碳质泥页岩[23]。JY-1井等4口井的钻探表明，焦石坝地区位于陆棚的沉积中心(图3)，JY-2井的泥页岩厚度大于100m，优质页岩厚度大于40m，因此选取该井进行焦石坝地区海相泥页岩层序地层划分。

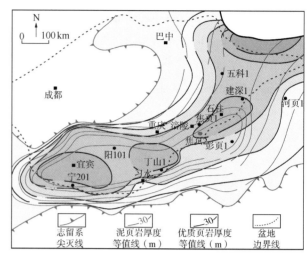

图3 四川盆地及周缘五峰组—龙马溪组
优质泥页岩分布图[23]

2 基于测井资料的层序划分方法分析

2.1 砂泥比及测井曲线重叠

自然伽马(GR)测井曲线常用来进行岩性识别和层序地层划分，通过GR曲线计算出砂泥比(Rsn)，利用砂泥比曲线可以获取地层短期基准面变化曲线；然后根据地层的短期基准面变化曲线可以划分出不同级别的层序，为层序地层划分提供依据[24]。对于砂泥岩，泥岩的Rsn值较小，与基准面上升相对应；而砂岩的Rsn值较大，通常对应着基准面下降。Rsn曲线的具体计算公式为：

$$Rsn = \frac{GR_{max} - GR}{GR - GR_{min}} \qquad (1)$$

式中 Rsn——砂泥比指数；

GR——自然伽马测井值；

GR_{max}——选取层段内自然伽马最大值；

GR_{min}——选取层段内自然伽马最小值。

测井曲线重叠法(ΔlgR法)，是利用重叠法把刻度合适的孔隙度曲线[本文选取声波时差曲线(AC)]叠加在电阻率曲线深侧向电阻率(RD)上，由于两条曲线都反映孔隙度的变化，对于富含有机质的细粒烃源岩来说，两条曲线存在幅度差，定义为ΔlgR(图4)[25]。孔隙度和电阻率两条曲线在一定深度内"一致"或者重叠时即为基线，确定基线后，通过用两条曲线之间的间隔和相对位置来划分层序。

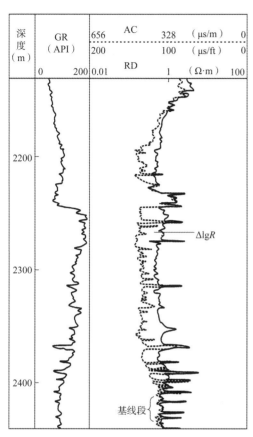

图4　用 $\Delta\lg R$ 评价烃源岩典型实例图[25]

2.2 频谱分析方法

本文应用的频谱分析方法主要有最大熵频谱分析（INPEFA）和一维连续小波变换（CWT）。通过对测井曲线进行最大熵频谱分析，可以反映海平面的升降变化，而曲线拐点通常指示层序界面。一般情况下，INPEFA 曲线的正趋势通常代表海平面上升，而负趋势则指示海平面下降[26]。INPEFA 技术通常选用 GR 曲线。本文的 INPEFA 分析通过 Cyclolog 软件完成。

一维连续小波变换可以提取测井曲线中蕴含的旋回信息，从而用于沉积地层层序格架的建立[27-28]。GR 曲线与水深有密切关系，对 GR 数据进行一维连续小波变换，得到一系列的小波变换系数曲线和小波波谱图，展现测井数据中蕴含的地层层序信息。通过对小波系数曲线幅值变化和小波波谱图上显示的能量变化特征的分析，可以识别沉积

旋回，进而为构建层序地层格架提供依据[29]。本文选取的小波基是一维连续 Morlet 小波，它是一个周期函数，而且它的时频两域的局部性能比较好，可以提取旋回地层的特征。本文的小波变换分析通过 Matlab（R2016a 版）软件完成。

3 结果与讨论

3.1 JY-2 井五峰组—龙马溪组沉积环境分析

五峰组—龙马溪组下部的岩性以灰黑色、黑色碳质泥（页）岩为主，水平层理发育，厚度为 35～45m（图5）。五峰组—龙马溪组下部的生物化石主要有底栖藻类、浮游笔石和硅质放射虫等，其中笔石化石含量丰富，且局部富集成层。

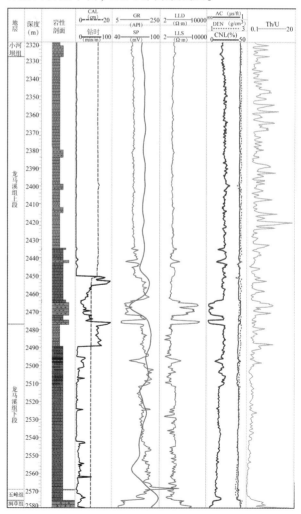

图5　JY-2 井五峰组—龙马溪组综合柱状图

U 及其 Th/U 指标可表征海平面的旋回特征，因此，依据 Th/U 可判别氧化还原环境，一般来说，Th/U 在 0~2 之间指示缺氧环境，在强氧化环境下这个比值可达 8[30-31]。五峰组的 Th/U 为 0.477~4.251，平均为 1.3045，反映了贫氧—厌氧的沉积环境。相较于龙马溪组下段（平均为 2.358，为 0.333~12.187），龙马溪组上段表现为较高的 Th/U 值（1.449~19.586，平均为 5.060）；因此，龙马溪组下段的水体环境应当更深，反映了贫氧—厌氧的沉积环境，而龙马溪组上段可能沉积于次富氧—贫氧的环境[32]。

3.2 JY-2 井五峰组—龙马溪组层序地层划分

地层沉积过程中会受到多种地质因素的影响，只依据某单一因素划分地层层序很难识别出沉积地层中所蕴含的各种隐蔽周期，很容易忽视层序地层中重要的沉积旋回特征，因此需要利用多种方法及考虑多重因素综合识别海相页岩的层序地层。对 JY-2 井的测井数据进行基于 $\Delta \lg R$ 分析、砂泥比指数 Rsn、频谱分析等方法的层序地层划分，将 JY-2 井五峰组—龙马溪组划分为 2 个完整的三级层序和 5 个体系域（图 6）。

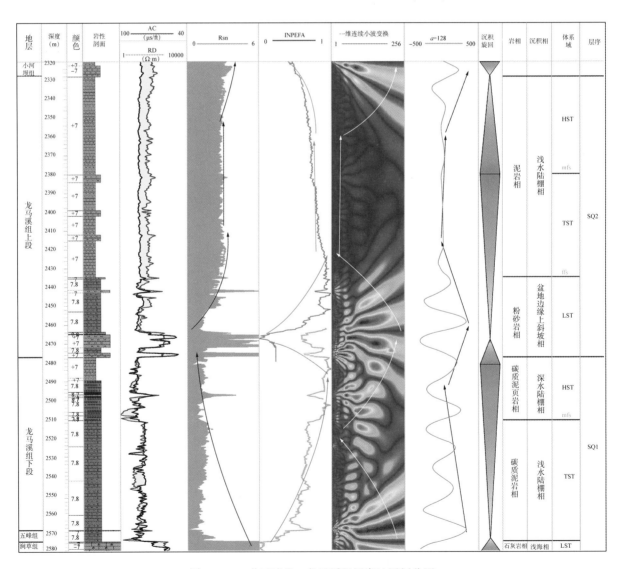

图 6　JY-2 井五峰组—龙马溪组层序地层划分图

第一个三级层序发育在五峰组和龙马溪组下段，从下而上依次发育海侵体系域（TST）、高位体系域（HST）。海侵体系域的岩性主要为灰黑色碳质泥岩，高位体系域的岩性以碳质泥页岩为主。第一个三级层序的ΔlgR整体表现为较高的声波时差值和较低的电阻率值，说明该段为较好的烃源岩，烃源岩的成熟度较高。海侵体系域的砂泥比为中等值，高位体系域的砂泥比整体为低值。最大熵频谱曲线向上趋势变大，代表水体逐渐加深的过程。海侵体系域的一维连续小波变换波谱图较高位体系域亮度值较大，相应地小波系数曲线向上幅值变小，代表海侵体系域的水体环境能量较高（图6）。

第二个三级层序发育在龙马溪组的上段，从下而上依次发育低位体系域（LST）、海侵体系域（TST）和高位体系域（HST）。LST的岩性为灰色粉砂岩和灰黑色碳质泥岩，TST的岩性为深灰色泥岩夹深灰色粉砂质泥岩，HST的岩性为深灰色泥岩。LST下部的粉砂岩的ΔlgR均显示出最高声波时差和电阻率，表现为低孔渗储层特征；上部的碳质泥岩ΔlgR表现为较高声波时差和较低电阻率。TST和HST的ΔlgR显示出低电阻率和中等声波时差。LST的下部粉砂岩的砂泥比大，上部碳质泥岩的砂泥比较小。TST和HST的砂泥比整体变化较小，呈中高值。最大熵频谱曲线向上趋势变大，水体逐渐加深达到初次洪泛面（ffs）后保持稳定趋势。LST的一维连续小波变换波谱图亮度值较大、小波系数曲线幅值大，代表水体环境能量较高；TST和HST的小波波谱图表现为蓝色低能，小波系数曲线幅值小（图7）。

3.3 JY-2井五峰组—龙马溪组层序地层与含气性关系

地层的沉积条件与页岩气生成和富集关系密切，因此，在层序格架内讨论海平面变化和层序界面对有机质富集的影响，以及页岩含气性与层序地

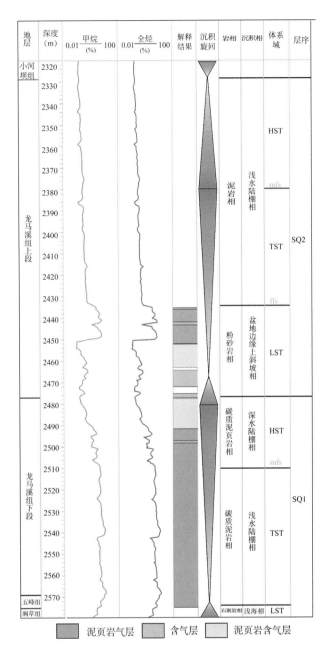

图7 JY-2井五峰组—龙马溪组层序地层与含气性关系图

层格架的关系是有意义的。焦石坝地区JY-2井五峰组—龙马溪组第一个三级层序的海侵体系域发育泥页岩气层，高位体系域发育泥页岩含气层和泥页岩气层。泥页岩气层、含气层和泥页岩含气层都发育在第二个三级层序的低位体系域。第一个三级层序低位体系域的全烃含量很高，高位体系域的全烃含量有下降的趋势；第二个三级层序低位体系域的底部粉砂岩段的全烃含量达到最低值，低位体系域的上部碳质泥岩相较于下部粉砂岩的气测全烃含量

明显增大。第二个三级层序的海侵体系域和高位体系域的全烃含量为中低值，含气性差。整体来看，泥页岩气层的气测全烃含量高，含气性好，其次为含气层和泥页岩含气层。

4 结论

（1）本文根据岩性岩相和测井参数的变化对海平面变化响应的敏感性，通过定性和定量相结合的方法分析海平面的变化，识别了层序内部的体系界面，建立焦石坝地区 JY-2 井五峰组—龙马溪组海相泥页岩的层序格架。JY-2 井五峰组—龙马溪组可以划分为 2 个完整的三级层序和 5 个体系域：第一个三级层序发育在五峰组和龙马溪组下段，从下而上依次发育海侵体系域、高位体系域，海侵体系域发育泥页岩气层，高位体系域发育泥页岩含气层和泥页岩气层；第二个三级层序发育在龙马溪组的上段，从下而上依次发育低位体系域、海侵体系域和高位体系域，泥页岩气层、含气层和泥页岩含气层都发育在第二个三级层序的低位体系域。整体来看，泥页岩气层的气测全烃含量高，含气性好，其次为含气层和泥页岩含气层。

（2）对四川盆地焦石坝地区五峰组—龙马溪组泥页岩进行层序地层学分析，将有助于了解优质烃源岩的分布特征，对研究区的进一步勘探、富有机质页岩的对比和富集规律的认识，以及后期页岩气的合理开发利用有指导意义。同时，也能够丰富层序地层学理论，对我国其他地区海相泥页岩层序地层学研究也具有一定的借鉴意义。

参考文献

[1] 徐强，姜烨，董伟良，等 . 中国层序地层研究现状和发展方向[J]. 沉积学报，2003(1)：155-167.

[2] 郭英海，赵迪斐，陈世悦 . 细粒沉积物及其古地理研究进展与展望[J]. 古地理学报，2021，23(2)：263-283.

[3] 李一凡，魏小洁，樊太亮 . 海相泥页岩沉积过程研究进展[J]. 沉积学报，2021，39(1)：73-87.

[4] 姜在兴 . 层序地层学研究进展：国际层序地层学研讨会综述[J]. 地学前缘，2012，19(1)：1-9.

[5] 吴因业，朱如凯，罗平，等 . 沉积学与层序地层学研究新进展——第18届国际沉积学大会综述[J]. 沉积学报，2011，29(1)：199-206.

[6] 陈健，庄新国 . 泥页岩层序地层学划分方法：以准噶尔盆地准页3井芦草沟组泥页岩为例[J]. 中国煤炭地质，2021，33(7)：34-39.

[7] 王红岩，周尚文，刘德勋，等 . 页岩气地质评价关键实验技术的进展与展望[J]. 天然气工业，2020，40(6)：1-17.

[8] 赵迪斐 . 川东下古生界五峰组—龙马溪组页岩储层孔隙结构精细表征[D]. 徐州：中国矿业大学，2020.

[9] 聂海宽，金之钧，边瑞康，等 . 四川盆地及其周缘上奥陶统五峰组—下志留统龙马溪组页岩气"源—盖控藏"富集[J]. 石油学报，2016，37(5)：557-571.

[10] Jin Z, Nie H, Liu Q, et al. Source and seal coupling mechanism for shale gas enrichment in upper Ordovician Wufeng Formation-Lower Silurian Longmaxi Formation in Sichuan Basin and its periphery[J]. Marine and Petroleum Geology, 2018, 97.

[11] 何治亮，胡宗全，聂海宽，等 . 四川盆地五峰组—龙马溪组页岩气富集特征与"建造—改造"评价思路[J]. 天然气地球科学，2017，28(5)：724-733.

[12] 张金川，李玉喜，聂海宽，等 . 渝页1井地质背景及钻探效果[J]. 天然气工业，2010，30(12)：114-118，134.

[13] 邹才能，龚剑明，王红岩，等 . 笔石生物演化与地层年代标定在页岩气勘探开发中的重大意义[J]. 中国石油勘探，2019，24(1)：1-6.

[14] 王红岩，郭伟，梁峰，等 . 宣汉—巫溪地区五峰组—龙马溪组黑色页岩生物地层特征及分层对比[J]. 天然气工业，2017，37(7)：27-33.

[15] 聂海宽，张柏桥，刘光祥，等 . 四川盆地五峰组—龙马溪组页岩气高产地质原因及启示：以涪陵页岩气田JY6-2HF为例[J]. 石油与天然气地质，2020，41(3)：463-473.

[16] 刘树根，徐国盛，徐国强，等 . 四川盆地天然气成藏动力学初探[J]. 天然气地球科学，2004，15

（4）：323-330.

[17] 姜磊. 强改造作用下川南下古生界页岩气保存条件研究[D]. 成都：成都理工大学，2019.

[18] 胡明，黄文斌，李加玉. 构造特征对页岩气井产能的影响：以涪陵页岩气田焦石坝区块为例[J]. 天然气工业，2017，37（8）：31-39.

[19] 庹秀松，陈孔全，罗顺社，等. 渝东大焦石坝地区差异构造变形[J]. 石油与天然气地质，2019，40（5）：1074-1083.

[20] 张美玲，李建明，郭战峰，等. 涪陵焦石坝地区五峰组—龙马溪组富有机质泥页岩层序地层与沉积相研究[J]. 长江大学学报（自然科学版），2015，12（11）：17-21，4.

[21] 王秀平，牟传龙，肖朝晖，等. 鄂西南地区五峰组—龙马溪组连续沉积特征[J]. 天然气地球科学，2019，30（5）：635-651.

[22] 杨锐. 鄂西渝东地区五峰组—龙马溪组页岩孔隙结构与连通孔隙流体示踪[D]. 武汉：中国地质大学，2018.

[23] 郭彤楼，张汉荣. 四川盆地焦石坝页岩气田形成与富集高产模式[J]. 石油勘探与开发，2014，41（1）：28-36.

[24] 杨磊，刘池洋，张小莉，等. 利用测井曲线自动划分层序地层的方法研究[J]. 西北大学学报（自然科学版），2007，37（1）：111-114.

[25] 张志伟，张龙海. 测井评价烃源岩的方法及其应用效果[J]. 石油勘探与开发，2000，27（3）：84-87，115-124.

[26] 路顺行，张红贞，孟恩，等. 运用INPEFA技术开展层序地层研究[J]. 石油地球物理勘探，2007，42（6）：703-708，733，609.

[27] 余继峰，李增学. 测井数据小波变换及其地质意义[J]. 中国矿业大学学报，2003（3）：127-130.

[28] 李江涛，余继峰，李增学. 基于测井数据小波变换的层序划分[J]. 煤田地质与勘探，2004，32（2）：48-50.

[29] 赵迪斐，郭英海，Geoff Wang，等. 层序地层格架及其对页岩储层发育特征的影响：以四川盆地龙马溪组页岩为例[J]. 沉积学报，2020，38（2）：379-397.

[30] Brumsack H J. The trace metal content of recent organic carbon‐rich sediments：Implications for Cretaceous black shale formation[J]. Palaeogeography Palaeoclimatology Palaeoecology，2006，232（2—4）：344-361.

[31] Dymond J，Suess E，Lyle M. Barium in Deep‐Sea Sediment：A Geochemical Proxy for Paleoproductivity[J]. Paleoceanography，2010，7（2）：163-181.

[32] 林治家，陈多福，刘芊. 海相沉积氧化还原环境的地球化学识别指标[J]. 矿物岩石地球化学通报，2008，27（1）：72-80.

川南渝西大足区块五峰组页岩小尺度沉积构造系统分类与解析

——兼论对深层页岩精细评价影响

张妍煜，魏　源，康维旗

中国矿业大学资源与地球科学学院，江苏徐州221116

摘　要：深层页岩储层勘探开发高度依赖对页岩储层精细特征的认知，对小尺度沉积构造的精细解析可以为深层页岩储层勘探开发提供重要数据支撑。以川南渝西地区大足区块五峰组页岩代表性钻孔的深层储层样品为例，通过岩心研究、岩石薄片观察、显微成像分析、地球化学测井数据分析等方法，对页岩储层小尺度沉积构造开展系统分类研究与精细解析。结果表明，研究区内五峰组宏观非均质性弱，但微观非均质性极强，可以将常见小尺度沉积构造划分为10个类型，其中包含4类粉砂质—泥质纹层沉积构造、3类富硅质沉积构造及3类组合类型沉积构造；五峰组页岩可以划分出多个精细小层，具有不同的石英等矿物来源及沉积构造特征，反映了沉积条件的差异。在实际应用方面，对小尺度沉积构造的精细解析与认知可以为深层页岩优选提供一项关键指标。以上成果认识，对深层页岩精细选层具有一定的指导作用。

关键词：深层页岩；沉积构造；细粒沉积物；非均质性；储层评价

Systematic Classification and Analysis of Small-scale Shale Sedimentary Structure in Wufeng Formation in Dazu block，Southern Sichuan and Western Chongqing：Discussion of the Influence of Fine Evaluation of Deep Shale

Zhang Yanyu，Wei Yuan，Kang Weiqi

School of Resources and Geosciences，China University of Mining & Technology，Xuzhou，Jiangsu 221116，China

Abstract：The exploration and development of deep shale reservoir highly depends on the cognition of fine characteristics of shale reservoir，and the characterization of small-scale sedimentary structure provides important data support for the exploration of deep shale reservoirs. Taking the deep reservoir samples from the representative wells of the Wufeng Formation shale from the Dazu block in the western Chongqing，southern Sichuan area as an example，the small-scale sedimentary structures of shale reservoirs are systematically classified and analyzed by methods of hand specimen research，thin-section observation，microscopic imaging analysis and geochemical logging data analysis. The results show that the macro-heterogeneity of the Wufeng Formation in the study area is relatively weak，but the micro-heterogeneity is extremely strong. The common small-scale sed-

基金项目：国家级大学生创新训练计划项目（202010290035Z）；中国矿业大学创业训练计划项目（20210441cy）；江苏省大学生创新创业训练计划项目（202110290304H/202110290305H）；江苏省能源研究会-中国矿业大学人工智能研究院"AI+能源"科研训练计划项目（JER-CAI-2021-03）联合资助。

第一作者简介：张妍煜，2002年生，女，本科在读，中国矿业大学人工智能研究院AI+英才班联合培养，主要从事非常规能源探测技术研究。邮箱：1760975899@qq.com

imentary structures can be divided into 10 types，including 4 types of silty argillaceous laminar deposits，and 3 types of silicon-rich sedimentary structures and 3 types of combinatorial sedimentary structures. The Wufeng Formation shale can be divided into several sub-layers with different mineral sources such as quartz and sedimentary structural characteristics，reflecting the differences of sedimentary conditions. In practical application，the characterization and cognition of small-scale sedimentary structures can provide a key index for the optimization of deep shale. According to the above results，it has a certain guiding role for the optimization of layer evaluation of deep shale reservoirs.

Key words：deep shale；sedimentary structure；fine grained sediments；heterogeneity；reservoir evaluation

在传统化石能源逐渐枯竭、碳中和压力增加的背景下，我国储量丰富的页岩气、煤层气等非常规能源成为替代传统化石能源的现实选择[1]。我国页岩气的研究及勘探开发在近年来取得了丰硕成果，但也面临中浅层资源开发速度过快等问题。深层页岩资源成为接续页岩气勘探开发的关键[2-4]。深层页岩勘探、开发受制约因素多，页岩气物性、含气性影响因素及程度发生变化，小尺度非均质性显著，中浅层勘探开发积累的评价因素经验适用性不强，亟待针对深层页岩气储层特征开展精细认知，以科学指导深层页岩储层的精准勘探开发[5-6]。

沉积构造对于页岩气储层评价及工程效果的重要意义得到越来越多学者的重视，研究表明，页岩纹层等沉积构造是在沉积环境因素控制下形成的，是影响页岩系统储层有效性评价的关键因素之一。在页岩漫长的地质演化过程中，沉积构造与储层成岩作用过程中的物质组分协同演化，通过影响物质分异、空间分布控制了储层微观储集空间的分布、连通性及其他物理性质，进而影响了页岩储层的力学结构、物性、含气性及气体渗流释放能力[7-10]。

本文以川南地区渝西大足区块的深层五峰组页岩储层为例，通过岩石宏观和微观观测、矿物成因与来源分析、储层力学特征研究等研究手段，结合矿物来源、比例、空间分布等特征，精细分析页岩储层小尺度沉积构造的类型、特征及结构，为深层页岩储层精细表征与精准勘探提供科学指导。

1 研究样品与背景

研究区位于川南地区渝西大足区块，是我国深层页岩气资源勘探与开发的重要先行地区[11]。渝西地区在大地构造上呈现出鼻状背斜间宽缓向斜的特征，大足区块处于渝西地区北部，在大地构造上，处于川中平缓构造带与川南低陡构造带的交界地区。在研究区内，五峰组（O_3w）—龙马溪组（S_1l）页岩储层构成主要的页岩气勘探目标层系，二者在研究区内为连续沉积，沉积环境属于陆棚环境，埋深大于或接近3500m，属于深层—近深层页岩储层。

五峰组在研究区内广泛分布，厚度介于6.5~8.8m，上覆于临湘组（O_3l）泥质灰岩，下伏于龙马溪组底部的黑色碳质—硅质富笔石页岩储层，顶部发育有不足1m的观音桥段（*Guanyinqiao Bed*）含介壳灰质泥岩或泥质灰岩。研究区五峰组岩性主要包括灰黑色—黑色富笔石碳质页岩、灰黑色—黑色碳质页岩、粉砂质泥页岩或含放射虫硅质页岩，揭露化石主要包括奥陶系凯迪阶—特列奇阶笔石化石，如 *Dicellograptus complexus*、*Tangyagraptus typicus* 等，在观音桥段见赫南特贝等冷水动物群化石。

五峰组研究样品选自大足区块内的 Z-2 井、Z-3井及 Z-5 井。其中 Z-2 井大地构造位置处于川中平缓构造带，Z-3 井及 Z-5 井位于川南低陡构造带(图1)。3口井中，Z-2井五峰组厚度最小，约为6.4m，五峰组底深约3899m；Z-3井五峰组埋深最大，厚度约为8.7m，五峰组底深约4111.6m；Z-5井五峰组厚度约为8.9m，底深约3359.5m。在岩心编录的基础上，选取各钻孔五峰组不同层段的代表性样品进行岩石薄片观测，以及矿物来源元素测井数据处理和物质组分分异特征分析；系统地研究页岩储层物质组分分异及沉积构造发育特征，总结储层在物质组分分布与结构上的小尺度非均质性特征；结合矿物来源与成因分析，开展五峰组深层页岩储层沉积构造的分类与特征总结研究。

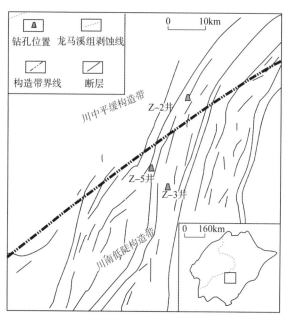

图1 研究区及钻孔取样位置图

2 储层沉积构造发育特征

2.1 宏观岩石学特征

研究区钻孔样品的宏观观测显示，五峰组页岩整体块度较好，岩石较为致密，宏观尺度非均质性表象较弱，难以反映沉积构造的精细差异。五峰组底部—中部一般发育粉砂质页岩，下伏临湘组顶部常为一层含灰质化石的泥岩沉积。以研究区Z-3井为例，五峰组底部页岩层面笔石相对较少，含少量粉砂质(图2a)，部分层面富集黄铁矿，有的呈

结核、团粒状(图2b)，中—下部粉砂质页岩层面笔石富集程度轻微增加(图2c)，部分层段见有沿层理方向发育的方解石脉或擦痕、阶步等沿沉积层理面发育的构造现象(图2d、e)，五峰组页岩储层岩性主要是碳质—硅质页岩，层面笔石化石极为富集(图2f)。Z-2井、Z-5井在宏观上同样呈现了岩石致密、颜色较深的岩石学特征，反映了有机质含量较为丰富的特点，所包含的岩性差异不大，但构造现象、微观变化趋势不一致。

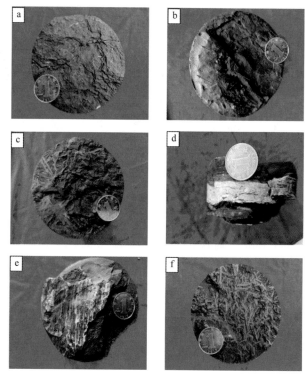

图2 Z-3井五峰组页岩储层宏观特征图

a. 五峰组底部页岩层面揭露的少量笔石化石(4112.10m)；
b. 五峰组下部层面富集的黄铁矿(4108.96m)；c. 五峰组中—下部的粉砂质页岩层面富集的笔石化石(4108.3m)；d. 页岩中沿层理方向发育的方解石脉(4106.57m)；e. 页岩中因层间滑动而形成的擦面，方解石发育(4104.12m)；f. 五峰组上部碳质—硅质页岩中的笔石富集层面(4104.94m)

2.2 显微沉积构造特征

针对Z-3井五峰组页岩储层，选取了17块代表性样品进行岩石薄片观测及物质组分分异特征分析(图3)。结果表明，五峰组虽然宏观均质性较

强，但在微观尺度下显示了丰富的物质组分分异特　征及强烈的非均质性。

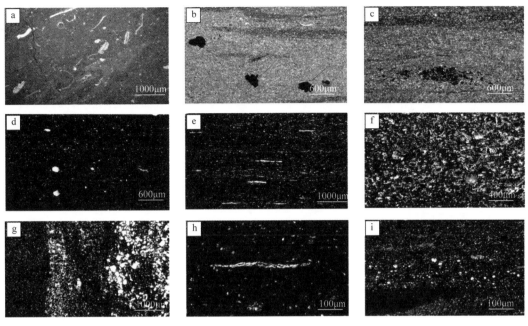

图3　研究区五峰组页岩储层微观结构特征图

a—临湘组顶部页岩及化石特征(4115.73m)；b—c—五峰组底部贫有机质粉砂质纹层页岩，见有黄铁矿发育(4111.78～4111.87mm)；

d—e—五峰组下部页岩粒度与结构出现波动(4109.65m、4108.73m)；f—五峰组中部放射虫硅质页岩(4107.72～4107.77m)；

g—五峰组上部页岩的富自生硅质集合体—有机质的显微物相(4105.97m)；

h—i—五峰组上部页岩的细粒度、富硅质静水沉积物特征(4103.96～4104.01m)

图3a为下伏临湘组顶部的含灰质化石泥岩沉积典型微观特征，贫有机质。五峰组底部灰黑色粉砂质页岩有机质含量相对较低，见有黄铁矿晶体交代原有矿物填充发育，不连续泥质纹层发育于粉砂质基质(图3b)；向上泥质纹层发育程度增高，泥质纹层的连续性变好，见有硅质同沉积结核等特殊沉积现象发育(图3c)。至五峰组下部，页岩有机质含量显著增高，沉积物粒度变化呈现差异显著。例如在4109.65m处，微观沉积构造不显著，矿物定向性不明显，但岩石粒度分选差；而在4108.73m处，则出现了显著的富有机质纹层沉积构造，表示储层物质来源受陆源碎屑影响较为显著(图3d、e)。

五峰组中部4107.72m处，显微观察显示，储层微观物相及结构出现较大差异，储层岩性对应放射虫硅质页岩，放射虫多为有机质浸染，具圈层，有机质含量较高(图3f)；五峰组上部页岩岩石粒度分选变好，粒度变细，有机质含量较高(图3g、h、i)，在部分层段出现了富自生硅质集合体—有机质的显微物相组合(图3g)，属于可以发育优质孔隙网络兼具良好力学脆性的优质储层类型[8,12]。

同样的，对Z-2井、Z-5井五峰组页岩储层开展岩石薄片分析，结果反映，根据五峰组页岩储层的物质组分、物质分异、空间分布等特征，除五峰组下伏的临湘组顶部稳定发育含灰质化石的贫有机质泥岩外，五峰组页岩中的沉积构造可以划分为贫有机质非连续泥质纹层、贫有机质连续发育泥质纹层、富有机质粉砂质—泥质纹层、集聚放射虫硅质条带、富自生硅质集合体条带、细粒硅质水平层理等不同类型。

2.3 五峰组页岩矿物来源层段性差异

基于五峰组页岩元素地球化学测井信息，对五峰组页岩矿物来源进行表征。深层页岩气勘探的一个要点是寻找压裂效果更好的储层,在深地条件下,压裂缝延伸距离受到地层压实等因素的影响而小于中浅层储层,以石英为主的脆性矿物含量是影响深层页岩力学脆性的关键因素[12-13]。主量元素地球化学参数可以用于判定石英的生物源成因,通过 Si 与 Al 比值可以建立图版,进行石英矿物来源的区分与评价。以 Z-3 钻孔为例,Si/Al 计算结果显示,五峰组 Si/Al 值波动较为显著,整体上样品点分布较为分散,说明五峰组样品受到了生物源硅质与陆源碎屑的共同影响。根据页岩储层石英矿物来源的差异,可以将五峰组页岩划分为 8 个小层(图4):小层(1)与下伏临湘组邻接,受到方解石沉积、演化的影响;小层(2)受到的影响逐渐减弱,陆源石英相对增多;小层(3)水体水动力条件减弱,受生物源石英影响程度增加;小层(4)水动力条件显著增强,页岩中陆源石英显著增多;小层(5)中生物源石英含量增多,陆源石英含量迅速降低,说明该层段内水动力条件被限制,静度可能较高;小层(6)中陆源石英再次略微增加;小层(7)生物硅质含量拉高至 30%以上;小层(8)出现显著的过量硅现象,受生物源石英含量显著增多的影响,储层石英含量最高。

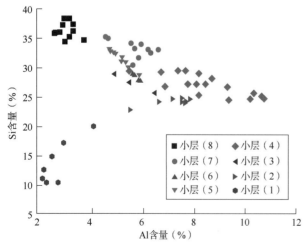

图4 基于五峰组石英矿物来源的小层划分图

结合对页岩储层沉积构造研究,具有不同矿物来源与成因的精细小层与沉积构造差异可以较好匹配,即:小层(1)邻接下伏临湘组,主要发育贫有

机质非连续泥质纹层、贫有机质连续发育泥质纹层等沉积构造;小层(2)至小层(4)反映了水动力条件及陆源碎屑输入的变化,主要发育富有机质粉砂质—泥质纹层沉积构造;小层(5)生物源石英含量增多,见有集聚放射虫硅质层等沉积构造,与细粒页岩储层间层分布,受到静水沉积及古气候、古地理条件的影响[14-16];小层(6)至小层(8)生物源硅质显著增多,主要发育富自生硅质集合体条带、细粒硅质水平层理等,以细粒、富硅质—有机质物相为特点的沉积构造类型。

3 讨论

3.1 五峰组小尺度沉积构造发育特征

根据对研究区内 Z-2 井、Z-3 井、Z-5 井等钻孔五峰组页岩储层岩石学特征、矿物来源及组合、空间分布、物质分异的综合分析,结合水动力条件及有机质含量等信息,对五峰组小尺度沉积构造发育类型进行系统分类,用于建立评价指标、服务储层优选。研究区五峰组小尺度沉积构造系统分类及特征如表1所示,依据沉积构造类型及关键特征,将五峰组常见小尺度沉积构造划分为 10 个类型,包含 4 类粉砂质—泥质纹层、3 类富硅质沉积构造及 3 类组合类型。粉砂质—泥质纹层沉积构造发育的层段水动力条件一般相对较强,石英含量常低于 60%,有机质含量波动或相对较低[7,17]。3 类富硅质沉积构造包括集聚放射虫硅质条带、富自生硅质集合体条带及细粒硅质水平层理,放射虫硅质条带可以观测到显著的生物化石特征,富自生硅质集合体条带具有变化的石英硅质集合体和更粗的粒度,细粒硅质水平层理可以观察到水平层理结构。这 3 类富硅质沉积构造中有机质含量一般较高,水动力条件相对较弱,石英含量一般高于 60%。除 7 类纹层类及富硅质沉积构造外,储层最多见的沉积构造实际上是这些小尺度沉积构造的组合类型,纹层组合类型是粉砂质—泥质纹层的组合,属于相对较强水动力条件下波动形成的小尺度沉积构造,石英及有机质含量波动起伏；水平层理—硅质条带组合是富硅质沉积构造的组合类型，属于相对较弱水动力条件下的波动，石英含量一般相对较高；富硅质沉积构造—纹层组合是粉砂质—泥质纹层与富硅质沉积构造的微互层，形成于强弱交替的水动力条件，石英及有机质含量波动。需要注意的是，分类方案中的水动力条件，特指地层沉积环境下的相对水动力强弱[18]。

表1　研究区五峰组小尺度沉积构造系统分类及特征表

序号	沉积构造类型	特征	水动力条件	石英含量	有机质含量
1	贫有机质非连续泥质纹层	粉砂质包夹泥质纹层，不连续	相对较强	一般<60%	低
2	贫有机质连续发育泥质纹层	粉砂质包夹泥质纹层，连续			低
3	贫有机质粉砂质—泥质纹层	泥质纹层—粉砂质纹层组合发育			低
4	含/富有机质粉砂质—泥质纹层				中—高
5	集聚放射虫硅质条带	集聚的放射虫化石，有机质含量一般较高	相对较弱	一般>60%	高
6	富自生硅质集合体条带	集聚的自生硅质集合体，粒度变化显著，有机质含量一般较高			高
7	细粒硅质水平层理	富细粒硅质，可观察到水平层理结构，有机质含量一般较高			高
8	纹层组合	不同粉砂质—泥质纹层的组合	相对较强条件下的波动	波动	波动
9	水平层理—硅质条带组合	富硅质沉积构造的组合	相对较弱条件下的波动	一般>60%	高
10	富硅质沉积构造—纹层组合	粉砂质—泥质纹层与富硅质沉积构造微互层	强弱交替的水动力条件	波动	波动

3.2 基于精细沉积构造特征的储层优选

小尺度沉积构造既可以反映沉积时的水动力条件，也与储层物质组分特征、空间分布、物质分异特点等具有相关性。例如富硅质沉积构造类型一般粒度细小、石英含量丰富，对于深层页岩可以起到抗压、保孔的作用，有利于优质孔隙网络页岩储层的发育。同时，其所对应的沉积环境一般为相对静水沉积环境，有利于有机质的富集与沉积，从而使富硅质沉积构造发育层段兼具良好的孔隙发育特征、力学脆性特征。而粉砂质—泥质纹层及纹层组合发育层段，粒度相对较粗，且在微观尺度物质分异显著，具有极强的微观非均质性，黏土矿物含量相对较高，导致页岩储层在深层条件演化中抵抗高压应力的能力减弱，不利于孔隙网络的发育。以Z-3井为例，小层(5)至小层(8)具有丰富的生物源硅质来源石英，同时，该层段内还是火山源蒙皂石等矿物较为富集的层段。这样的矿物来源特点，有利于在页岩储层成岩作用过程中形成过量硅，成为具有异常高硅质特点＋富有机质的优质储层层段[12]。

不同的沉积构造具有显著不同的微观物质组分及组合特征，基于深层页岩储层优选勘探对精细评价的需要，小尺度沉积构造特征应当纳入页岩储层精细优选方案的影响因素中，并作为一项可以综合矿物组分、来源、微结构与非均质性的关键指标。

4　结论

（1）五峰组页岩储层岩性主要为碳质—硅质页

岩，其整体岩石学特征较为致密、块度较好，宏观均质性较强。五峰组页岩在微观尺度下展现了较强的物质分异及非均质性，小尺度沉积构造特征变化显著。

（2）基于五峰组页岩元素的地球化学测井信息，表明了五峰组页岩矿物来源的层段性沉积构造差异。对根据页岩储层中石英矿物的来源差异划分的 8 个小层进行的研究表明，影响五峰组矿物来源的主要因素是陆源碎屑和生物源硅质。

（3）依据页岩的物质组分、分异和空间分布特征，将五峰组常见的小尺度沉积构造划分为贫有机质非连续泥质纹层、贫有机质连续发育泥质纹层、贫有机质粉砂质—泥质纹层、含/富有机质粉砂质—泥质纹层、集聚放射虫硅质条带、富自生硅质集合体条带、细粒硅质水平层理、纹层组合类型、水平层理—硅质条带组合类型、富硅质沉积构造—纹层组合 10 个典型类型。

（4）小尺度沉积构造反映了沉积时的水动力条件和储层的物质组分、分异和空间分布特点。对小尺度沉积构造的解析可得到矿物来源、组分、成因等认识，是深层页岩储层优选的关键指标，应作为深层页岩储层精细优选的科学依据。

参考文献

[1] 郭英海，赵迪斐，陈世悦．细粒沉积物及其古地理研究进展与展望[J]．古地理学报，2021，23(2)：263-283.

[2] 魏源，赵迪斐，焦伟伟，等．渝西地区五峰组—龙马溪组深层页岩储层力学脆性的非均质性特征：以 Z-3 井为例[J]．非常规油气，2021，8(1)：67-76.

[3] 何骁，李武广，党录瑞，等．深层页岩气开发关键技术难点与攻关方向[J]．天然气工业，2021，41(1)：118-124.

[4] 龙胜祥，冯动军，李凤霞，等．四川盆地南部深层海相页岩气勘探开发前景[J]．天然气地球科学，2018，29(4)：443-451.

[5] 赵迪斐，郭英海，刘静，等．页岩储层非均质性地质理论的研究现状、进展与方向评述[J]．非常规油气，

2020，7(6)：1-4.

[6] 杨洪志，赵圣贤，刘勇，等．泸州区块深层页岩气富集高产主控因素[J]．天然气工业，2019，39(11)：55-63.

[7] 华柑霖，吴松涛，邱振，等．页岩纹层结构分类与储集性能差异：以四川盆地龙马溪组页岩为例[J]．沉积学报，2021，39(2)：281-296.

[8] 赵迪斐．川东下古生界五峰组—龙马溪组页岩储层孔隙结构精细表征[D]．徐州：中国矿业大学，2020.

[9] 叶子亿．四川盆地威远—大足地区龙马溪组富有机质页岩沉积微相研究[D]．成都：西南石油大学，2017.

[10] 许丹，胡瑞林，高玮，等．页岩纹层结构对水力裂缝扩展规律的影响[J]．石油勘探与开发，2015，42(4)：523-528.

[11] 张成林，张鉴，李武广，等．渝西大足区块五峰组—龙马溪组深层页岩储层特征与勘探前景[J]．天然气地球科学，2019，30(12)：1794-1804.

[12] 赵迪斐，焦伟伟，魏源，等．页岩储层成岩作用及其对储层脆性的影响：以渝西地区五峰组—龙马溪组深层页岩为例[J]．沉积学报，2021，34：1-20.

[13] 谢小敏，刘伟新，张瀛，等．四川盆地下古生界硅质页岩系中硅质来源及其对有机质保存的影响初探[J]．地质论评，2021，67(2)：429-440.

[14] 赵迪斐，郭英海，白万备，等．沉积环境对优质页岩储层发育的控制作用：以渝东南地区龙马溪组为例[J]．河南理工大学学报(自然科学版)，2018，37(4)：37-47.

[15] 张茜，王剑，余谦，等．扬子地台西缘盐源盆地下志留统龙马溪组黑色页岩硅质成因及沉积环境[J]．地质论评，2018，64(3)：610-622.

[16] 赵建华，金之钧，金振奎，等．四川盆地五峰组—龙马溪组页岩岩相类型与沉积环境[J]．石油学报，2016，37(5)：572-586.

[17] 赵迪斐，郭英海，杨玉娟，等．渝东南下志留统龙马溪组页岩储集层成岩作用及其对孔隙发育的影响[J]．古地理学报，2016，18(5)：843-856.

[18] 郭英海，李壮福，李大华，等．四川地区早志留世岩相古地理[J]．古地理学报，2004，6(1)：20-29.

扶余浅层油田环保隐患井治理及预防关键技术

韩永恒，何增军，宋成立，马胜军

中国石油吉林油田公司，吉林松原138000

摘　要：扶余油田部分油水井存在套管钢级低、固井水泥返高不够等问题，进入特高含水期后水窜严重，加之地震频发，加剧了套管损坏，套外返出地面的油、气、水给安全生产和环保都带来了隐患；快速有效治理隐患井是急需解决的重大问题。本文详细分析了套返井形成的原因，将套返井分为两类，一是无效水腐蚀套管漏失穿孔形成套漏，二是泥岩膨胀导致套管错段形成套漏。针对常规套管隐患井和疑难隐患井，研发了隐患井事故源诊断技术、隐患井治理技术、隐患井预防技术等3项关键技术；制定了点弱面强注水政策，实现了精细分层注水工艺、树脂砂封堵压裂工艺等隐患井治理与预防技术。经过5年的攻关研究及推广应用，经济和社会效益显著，形成了一批成熟治理技术，保证了油区绿色可持续发展。

关键词：扶余油田；浅层；环保隐患井；治理及预防

Key Technology of Treatment and Prevention for Hidden Danger Wells in Environmental Protection in Fuyu Shallow Oilfield

Han Yongheng，He Zengjun，Song Chengli，Ma Shengjun

PetroChina Jilin Oilfield Company，Songyuan，Jilin 138000，China

Abstract：Some oil and water wells in Fuyu Oilfield have problems such as low steel grade of casing and insufficient return of cementing cement，etc. After entering the ultra-high water-bearing period，the water channeling is serious，coupled with frequent earthquakes，which aggravates the damage of casing，and the oil，gas and water returned to the ground outside the casing bring hidden dangers to safety production and environmental protection. Rapid and effective treatment of hidden wells is a major problem that needs to be solved. This paper analyzes the causes of casing back well formation in detail，and divided into two categories：one is caused by ineffective water corrosion and perforation，the other is caused by mudstone expansion. Aiming at the conventional casing hidden danger wells and difficult hidden danger wells，three key technologies have been formed，namely，the diagnosis technology of hidden danger wells accident source，the treatment technology of hidden danger wells and the prevention technology of hidden danger wells. Research and development of hidden danger well prevention technologies such as point weak surface strong water injection policy，fine stratified water injection technology and resin sand plugging fracturing technology. After 5 years of research and application，the economic and social benefits are remarkable，and a number of mature treatment technologies have been formed to ensure the sustainable development of green benefits in the oil area.

Key words：Fuyu Oilfield；shallow strata；wells with potential environmental hazards；management and prevention

第一作者简介：韩永恒，1973年生，男，高级工程师，主要从事采油工程管理工作。邮箱：691001654@qq.com

扶余油田 1959 年投入开发,受技术和资金限制,开发初期不下表层套管、水泥返高不到地面、生产套管为壁厚只有 6.98mm 的 J55 钢级套管,加之油层埋深浅(250~500m),上部生产套管受外来水腐蚀穿孔后,生产井油、水及泥砂从套管外返出到地面。尤其特高含水后期,水窜严重,泥岩吸水膨胀,套管被挤压变形破坏。加之地震频繁(近 3 年 3 级以上地震就有近 20 次)、震源浅(深度为 6~10km)、能量大,加速、加剧了油水井套返,对油田环保及生产极为不利。

油水井套返是由特殊历史原因和地理位置造成,暂无国内外成功经验可借鉴。要解决此问题,需要攻关四大技术难题:(1)多注采层段井隐患源头诊断;(2)上部错断井丢失鱼顶定位;(3)套管内吐泥岩井油层封固;(4)油田开发调整与环保隐患井预防一体化。因受城乡一体化进程影响,扶余油田 46% 的油水井在城区、村屯和工业园区,其中安全敏感压覆区停产井有 677 口,尚有未封井 206 口,给疑难隐患井的找井、封井、治理带来了更大挑战。扶余油田存在套返隐患井 3891 口,约占总井数的 30%,年影响原油产量超过 2.0×10^4t,年投入防污处理费近 3000 万元,给周边居民饮用水和松花江环保带来威胁。因此,攻关扶余油田套返井的快速识别、高效治理和有效预防技术,其经济社会意义重大。

1 套返井现状及原因分析

1.1 套返井现状

扶余油田每年新出现套返井 90 多口,套返发生后污染周围环境,同时造成大量注水井停注,影响区块注水开发。根据套返产生原因分为两大类:一是无效水腐蚀作用使套管漏失、穿孔,注入水通过套漏进入套外形成套返,这类套返井井下技术状况相对较好,井筒存在一处或多处套漏;二是无效水造成泥岩吸水膨胀导致套管错断,注入水从套管错断处进入套外形成套返,这类套返井井况复杂,地层易坍塌,吐泥砂不止,套管错断严重,甚至鱼顶丢失。

1.2 无效水腐蚀套管

1.2.1 无效水渗漏导致套管损坏

注入水在高压力下从套管螺纹连接薄弱部位渗漏到泥岩层,导致泥岩膨胀。特别是套管外无水泥环保护的井段极易出现套管变形、错断、漏失等套损情况,嫩江组泥岩发育裂缝,易漏失、易吸水膨胀,泥岩膨胀系数高,且大部分井在该层位无水泥环保护。

1.2.2 腐蚀造成套管穿孔

注入水含有大量的腐蚀成分,如:CO_2、H_2S、Cl^-、HSO_4^-、SO_4^{2-}、HCO_3^-、CO_3^{2-}、Ca^{2+}、Mg^{2+} 等,尤其嫩江组灰黑色油页岩中富含黄铁矿等硫化物。这些离子降低液体的 pH 值,溶解套管阳极铁导致腐蚀。美国 Little Creet 油田实施二氧化碳驱矿场试验期间,油管在没有采取任何防护措施情况下,腐蚀速率高达 1217mm/a,不到 5 个月时间油管壁就被腐蚀穿孔。扶余油田伴生气中二氧化碳含量非常高,低碳钢的腐蚀速率达到 3~7mm/a,极易导致套管局部腐蚀、穿孔,加剧套管损坏程度。

1.3 长停井未封井现状

扶余油田有报废井(长停井)1933 口,其中位于城区、园区、村屯内及周边 100m 范围内有 664 口;2016 年 8 月对不具备作业条件的 212 口报废井进行普查,地面有井口的 47 口,能找到井位、地面无井口的 71 口,找不到井位的 94 口。

长停井极易形成注入水的二次分配(分层注水井的注入水进入报废井,变成混注),严重影响油田局部正常注水开发,且易导致部分井出现套返;位于城区、园区及村屯的长停油水井存在极大安全隐患,随时可能形成安全环保事故。

(1)城区 Z4-26 长停注水井位于家属区里面,

至今没有封井，存在较大安全隐患。

（2）2013年5月24日发生Z22-48井井口冒油事件。该井2003年7月28日提出全部管柱停产，停产前日产液1t，日产油0.1t。停产后井口采取机械封井，没有实施水泥封井。经过长时间的压力恢复，井筒形成高压，随着井口封井工具老化，耐压能力降低，产生了刺漏冒油。该类井如不及时处理，还会发生安全环保事故。

为确保安全，对所有长停井全部采取水泥封井，彻底消除安全隐患；依据敏感程度，按城区、工业园区、村屯和大地的顺序逐步实施封井，集中力量解决协调难度大和地面看不到井口的长停井封井。

2 治理技术及预防技术

2.1 隐患井事故源诊断技术

扶余油田井网密度大，平面注采关系复杂，纵向小层多，层间矛盾突出，加之注水时间长，水淹水窜严重，隐患井事故源诊断极其困难。

2.1.1 常规隐患井事故源诊断技术

建立了压力动态监测与分析—固井声幅判断—工程调控验证三级隐患井事故源诊断方法，通过动态压力系统实时监测压力变化，结合注水压力动态分析筛选疑似隐患井，应用隐患井声幅曲线对固井质量进行排查，最后采用双封隔器—验窜管柱系统进行工程调控验证，找出隐患井事故源[1-2]。

2.1.2 疑难隐患井事故源诊断技术

综合示踪剂筛选原则、国内油田经验及室内实验，优选适用于扶余油田的化学稳定性和热稳定性好、滞留量低、环境无污染的非分配性复合型硫氰酸钾+正醇井间示踪剂。将不同示踪剂注入不同深度井段，在采出端监测注入介质，实现疑难隐患井事故来源的准确诊断，解决了20年来疑难隐患井事故来源无法准确判断的难题[3]。

2.2 隐患井治理技术

隐患井治理难点之一是机理认识不清，非油层段套管内连续吐泥岩无法封固，修井钻具无法通过，不能进行治理作业；难点之二是常规打捞工具找不到下部套管，隐患井无法治理。

2.2.1 常规隐患井成熟治理技术

形成了隐患井复活、隐患井封井等12项主导技术。

针对套管漏失造成严重出砂、出泥岩隐患井，研发出非油层深部水泥（化学堵剂）封窜技术和非油层浅部换套治理技术；针对浅层套管穿孔及套管轻微错断隐患井，研发出大修套外封窜治理技术、套内贴补治理技术和常规大修取换套治理技术；针对表套隐患井，研发出油层套管取套治理技术、表层套管取套治理技术、套外水泥封堵及化学剂堵漏封堵治理技术和套管贴补治理技术；针对复杂隐患井封井难题，研发出小井眼小直径封隔器（ϕ80mm）分段封井治理技术、双封堵漏点3次封井治理技术和套外加固封堵技术。

解决了4个方面问题：

（1）表层固井不合格造成的隐患井。

（2）压力高、普通大修不能施工的隐患井。

（3）深部套漏或地层坍塌不能实施取套的隐患井。

（4）套变吐泥岩不能贴补治理的隐患井。

2.2.2 非油层段吐泥岩井封固和治理技术

扶余油田非油层段套管错断，套管外地层坍塌，套管内连续吐泥岩，造成修井钻具无法通过错断处，不能进行施工作业，需研究非油层段吐泥岩井水泥浆封固技术[4]。建立了封堵水泥浆在地层及窜流通道中的扩散模型，优化了封固水泥浆注入速度、注入量及配方，通过连续循环井筒处理工艺管柱，实现了对非油层段吐泥岩地层连续多次水泥封固。

封固水泥浆配方和注入参数优选：选取4种不同配方的水泥浆体系，计算封固水泥浆在储层中的流动规律，并结合不同配方水泥浆体系开展室内实验，优选出水泥浆体系为：G 级高抗硫酸盐水泥 + 0.02% 缓凝剂 + 0.2% 减阻剂 + 0.2% 降失水剂 + 44.0% 水。

2.2.3 模框法套管完全错断隐患井治理技术

老井眼 5m 以内，钻一口新井，注入暂堵剂，在新、老井眼周围形成遮挡层，建立模框，再通过向新井注水或压裂的方式建立沟通，形成通道后注入水泥固井。

2.2.4 侧钻沟通治理技术

老井眼 5~10m 范围内，确定救援井连通层位及开窗位置、方位，建立救援通道，通过生产泄压的方式，消除老井眼隐患[5]。

2.3 隐患井预防技术

2.3.1 点弱面强注水政策研究

点弱：以控制注水量，控制注水强度，不损害套管抗压能力为前提，确定单点注水强度。面强：以增加注水井点、注水层位、注水方向为目的，增加注水量。研究表明，该项注水政策有利控制隐患井发生及稳定油井产量[6]。

2.3.2 精细分层注水工艺研究

建立渗透率级差、层段卡层个数、有效砂岩厚度与吸水厚度模板，以提高吸水厚度为目标，优化层段组合。

（1）层段单卡层数小于 3 个，吸水砂岩厚度比大于 80%（图 1a）。

（2）有效砂体厚度小于 4m，吸水砂岩厚度比大于 80%（图 1b）。

（3）动用砂体渗透率级差小于 2，吸水砂岩厚度比大于 80%（图 1c）。

调整后，油田稳产形势好转，单井注水量由 20m³ 下降到 12m³，自然递减率由 2014 年的 11.4%，下降到 2018 年的 7.4%。隐患井数大幅降低，由原来的每年 120 口井，下降到 2018 年的 10 口井。

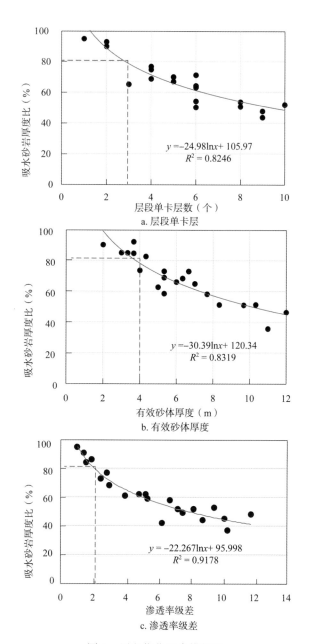

$$y = -24.98\ln x + 105.97$$
$$R^2 = 0.8246$$

a. 层段单卡层

$$y = -30.39\ln x + 120.34$$
$$R^2 = 0.8319$$

b. 有效砂体厚度

$$y = -22.267\ln x + 95.998$$
$$R^2 = 0.9178$$

c. 渗透率级差

图 1　层段优化组合模板图

2.3.3 封堵压裂工艺研究

树脂砂堵材料低温条件下渗透率低、抗压强度好，可封堵高渗透水驱优势通道，达到改善水驱及预防隐患井的作用（图 2）。2017—2019 年应用 25 口井，封堵后平均单井产液量由 18t/d 下降到 8t/d，有效地减少了异常高压层产液量，降低异常高压对套管的损害。

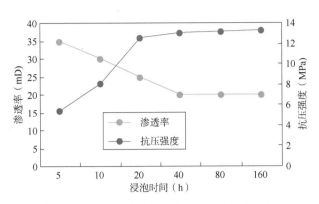

图2 低温树脂砂堵材料室内实验参数变化图

3 应用效果

2016—2019 年该项目成果在扶余油田得到大规模推广应用，累计实施 3055 口井，其中诊断事故源 348 口井，治理 634 口，主动预防 2073 口。

（1）通过攻关研究，常规隐患井诊断准确率由原来的 60% 提高到 95%，实现了对疑难隐患井事故来源的准确诊断。

（2）通过推广应用吐泥砂井封固成功率达到 100%。

（3）模框法和救援井法治理成功率分别达到 100% 和 80%。

（4）年出现隐患井数下降 80%。

（5）生产套管腐蚀速率小于 0.2mm/a，固井优质率达 80% 以上。

4 结论及认识

（1）针对常规隐患井事故源，研究形成了压力动态监测与分析—固井声幅判断—工程调控验证为主的三级诊断方法；针对疑难隐患井事故源，采取非分配性复合型硫氰酸钾+正醇井间示踪剂诊断方法，可准确诊断疑难隐患井事故源。

（2）通过连续循环井筒处理工艺管柱，可有效对非油层段吐泥岩地层连续多次水泥封固。

（3）模框法和侧钻沟通治理技术，有效解决了套管完全错断隐患井治理难题。

（4）点弱面强注水政策、精细分层注水工艺和封堵压裂工艺等一系列预防手段，有效地减少了油井异常高压层产液量，降低异常高压对套管的损害，降低隐患井发生率。

参考文献

[1] 何修仁 . 注浆加固与堵水 [M]. 沈阳：东北工学院出版社，1990.

[2] 赵学端 . 粘性流体力学 [M]. 北京：机械工业出版社，1983.

[3] 刘绘新，张鹏，熊友明 . 合理井身结构设计的新方法研究 [J]. 西南石油学报，2004，26（1）：19-22.

[4] 向蓉，王飞，徐杰斌 . 套损井原因分析及治理对策 [J]. 西部探矿工程，2012，24（6）：120-124.

[5] 费二战，贺海洲，王卫忠 . 油房庄油田套损机理分析及治理技术 [J]. 内江科技，2010，31（2）：69.

[6] 孙超，王军，刘成双 . 吉林油田套管损坏因素分析及预防对策 [J]. 天然气与石油，2011，29（2）：53-57.

致密砂岩和页岩气藏水力裂缝形态及主控机制分析

付海峰[1,2]，才　博[1,2]，庚　勐[1]，贾爱林[1]，问晓勇[3]，

梁天成[1,2]，张丰收[4]，严玉忠[1,2]，修乃岭[1,2]

1 中国石油勘探开发研究院，河北廊坊 065007；2 中国石油油气藏改造重点实验室，河北廊坊 065007；

3 中国石油长庆油田公司油气工艺研究院，陕西西安 710021；4 同济大学土木工程学院地下建筑与工程系，上海 200092

摘　要：在致密气、页岩气等非常规储层改造中，由于地质条件的差异性，存在水力裂缝垂向过度延伸或延伸受限等突出问题，严重影响了油气资源的高效动用。为此采用超大尺度（762mm×762mm×914mm）水力压裂物理模拟实验技术，优化建立了基于离散格子理论的全三维水力压裂数值模型，分析了薄层致密砂岩、多层理页岩两类气藏的水力裂缝扩展形态及其主控机制。研究结果表明：（1）苏里格致密砂岩气藏水力裂缝形态以径向缝、椭圆和长方形为主，普遍存在纵向过度延伸进入上下隔层情况；（2）层间水平应力差、储隔层厚度比是决定上述气藏裂缝形态的主控因素，但通过适度控制排量、增加滑溜水注入比例的方式可降低裂缝垂向的过度延伸；（3）页岩气藏由于层理面的存在，三维空间形态更为复杂，裂缝垂向扩展分别呈现"1"形、"丰"形、"T"形、"十"形和"工"形共5种形态；（4）走滑模式页岩气藏压裂，层理面胶结强度是其主控因素，通过前期高黏液造主缝，后期低黏滑溜水沟通水平层理的"逆混合"改造技术模式可提升该类储层三维空间有效改造范围。

关键词：致密砂岩；页岩；层理；气藏；水力压裂；裂缝形态；大尺度压裂实验；离散格子方法

Analysis of Hydraulic Fracture Morphology and Main Controlling Mechanism in Tight Sand and Shale Gas Reservoir

Fu Haifeng[1,2]，Cai Bo[1,2]，Geng Meng[1]，Jia Ailin[1]，Wen Xiaoyong[3]，Liang Tiancheng[1,2]，

Zhang Fengshou[4]，Yan Yuzhong[1,2]，Xiu Nailing[1,2]

1 PetroChina Research Institute of Petroleum Exploration and Development，Langfang，Hebei 065007，China；
2 CNPC Key Laboratory of Reservoir Stimulation，Langfang，Hebei 065007，China；
3 Oil and Gas Technology Research Institute，Changqing Oilfield Company，Xi'an，Shanxi 710021，China；
4 Department of Geotechnical Engineering，College of Civil Engineering，Tongji University，Shanghai 200092，China

Abstract：In the unconventional reservoir stimulation such as tight gas and shale gas，the fracture excessive propagation in vertically or fracture limited height is general phenomena due to the complicated geological conditions. In this paper，the first set of large scale （762mm×762mm×914mm） hydraulic fracturing experiment system in China was adopted to simulate multiple layers stresses and bedding planes. Then a 3D numerical model for hydraulic fracturing based on discrete lattice theory is established and optimized. Based on

基金项目：中国石油天然气股份有限公司"十四五"前瞻性基础性科技项目"不同类型储层裂缝起裂和扩展机理研究"（2021DJ4501）。

第一作者简介：付海峰，1983 年生，硕士，高级工程师，从事水力压裂基础理论与工艺技术研究。

邮箱：fuhf69@ petrochina. com. cn

that, the hydraulic fracture propagation morphology and its controlling mechanism in tight sand and shale gas reservoir are analyzed. The results show that：（1）there is mainly radial fracture, elliptic fracture or rectangular fracture in Sulige tight sandstone gas reservoir, and the vertical fracture excessive propagation into upper and lower interlayers is generally exists；（2）The horizontal stress difference between layers and the reservoir thickness ratio are the main controlling factors to determine the fracture morphology in the tight gas reservoirs, but the fracture height can be reduced by controlling the pumping rate and increasing the volume of slick water；（3）because of bedding plane, the three dimensional fracture morphology is more complex, and there are five patterns of fracture vertical propagation such as "1"、"丰"、"T"、"十"and"工"；（4）In the strike-slip shale gas reservoir fracturing, the bonding strength of bedding plane is the main controlling factor. The "reverse mixing" model of pumping schedule, which creates the main fracture with high viscosity fluid in the early stage and then connects the horizontal bedding with low viscosity slick water in the later stage, can improve the stimulated reservoir volume in three-dimensional space.

Key words：tight sand；shale；bedding plane；gas reservoir；hydraulic fracture；fracture morphology；large scale experiment；discrete lattice method

我国致密油气、页岩油气、煤层气等非常规油气资源丰富且分布广泛[1-2]，近年来随着勘探开发的不断深入，给储层改造技术发展带来巨大机遇[3-4]。"十三五"期间中国石油平均年度水平井改造井数达到1600口，2020年全年施工1901口，创历史新高，可以说储层改造技术的不断创新与应用直接助推了油气资源的高效开发。另一方面，面对层理、天然裂缝发育、薄储层、强非均质性、地应力异常等非常规储层地质特征，水力裂缝空间扩展形态复杂，研究认识不充分，严重制约了储层高效改造工艺技术的优化与实施，特别是在裂缝垂向扩展规律研究方面尤为突出。鄂尔多斯盆地致密砂岩气储层具有砂体孤立分散、砂体规模小、垂向厚度薄，前期虽然试验了大规模合成压裂，但由于缝高过度延伸进入上下非储层，导致增产效果及经济效益不高；后续虽然明确了"适度规模、分压合求"的改造技术思路，但在储层物性参数（砂体厚度、层间水平应力差、层间杨氏模量差）、施工参数与裂缝扩展规模的匹配性方面还缺乏明确的认识[5-7]。我国渤海湾、四川、松辽盆地等页岩油气储层中[8-10]普遍存在

厘米级交互层理，直接导致水力压裂缝高尺度受限，垂向改造程度低，改造效果不理想；因此如何通过工艺参数优化实现裂缝有效穿层，则成为该类储层高效动用的关键。

从20世纪80年代，国内外学者已经开始了对水力裂缝垂向扩展机理的研究。Warpinski、Teufel、Altammar、陈传华等[11-14]利用小尺寸（10～30cm）立方体或圆柱体的岩石先后开展了水力压裂实验，定性认识了层间物性差异、地应力条件及施工参数对裂缝穿层的影响；2012年刘玉章等[15]在国内首次建立了超大尺寸（76cm×76cm×91cm）的多层水力压裂实验技术，揭示了层间水平应力差、施工流体黏度对长6砂岩缝高延伸形态的影响。物模实验虽然可以很直观地揭示裂缝扩展形态，但由于样品尺度、样品制备及实验成本的问题，无法形成系统规律性的机理认识。与此同时，低成本的数值模拟技术近年来发展迅速。Gu[16]基于位移不连续法将界面滑移模型应用于拟三维水力裂缝模拟，研究界面滑移对裂缝高度、宽度、压力及裂缝形状的影响。Chuprakov[17]建立了考虑层理面摩擦系数和内聚力的剪切解析模型，大大提高计算效率。王

瀚[18]、吴锐[19]基于损伤力学方法模拟了水力裂缝的萌生和延伸过程。Abbas[20]基于延伸有限元计算技术，模拟了裂缝垂向延伸过程中的裂缝偏移现象，Kaimin[21]利用有限元技术模拟研究了层间模量差异对缝高延伸的影响，Tang[22]利用位移不连续法建立了全三维考虑多层理的裂缝延伸模型，研究了施工因素和杨氏模量对缝宽的影响。张丰收[23]采用三维离散格子法对高水平主应力差和层理发育的深层页岩储层开展了较小实验尺度条件下（30cm×30cm×30cm）的数值模拟研究，该模拟技术在单因素分析、天然裂缝、层理等复杂裂缝全三维建模方面具有突出的技术优势。但由于模型尺度较小，模拟结果的可靠性及对现场工艺的指导性方面还需要进一步的优化研究。

为此，笔者通过开展超大尺度水力压裂物理模拟实验，优化建立了室内到现场多尺度的基于离散格子理论的全三维水力压裂数值模型，进而针对薄层致密气、多层理页岩气两类不同储层地质条件，开展水力裂缝垂向扩展形态及其影响因素开展数值模拟分析，为提高非常规储层高效体积改造工艺技术优化提供参考依据。

1 模拟技术

1.1 大型水力压裂实验技术

大型水力压裂物理模拟实验系统[24]是开展水力裂缝起裂延伸机理研究最有效的技术手段，主要包括：应力加载框架、围压系统、井筒注入系统、数据采集及控制系统和声发射监测系统组成（图1）。其中应力加载框架采用环形框架结构，承压能力强，占地面积小（4m²），允许加载的岩样最大尺寸为762mm（长）×762mm（宽）×914mm（高），也是目前国内开展压裂实验所能加载的最大样品尺度，可以尽量降低边界效应和裂缝动态起裂效应带来的影响[25]。主要技术指标为：最大应力69MPa；层间最大应力差14MPa；完井方式为裸眼，裸眼段长度10cm，工作液为常规压裂液；井眼压力82MPa；井眼流量12L/min；最大实时声发射监测通道24道。在此基础上，为了模拟非常规储层裂缝垂向扩展地质条件，还针对性地建立了层理面胶结强度模拟和应力分层加载两项实验技术。

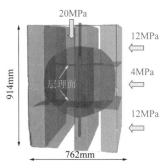

图1　水力压裂物理模拟实验系统及含层理岩石应力加载示意图

目前国内外普遍采用黏接、冷却、预制纸张等方式模拟天然裂缝[26]，无法实现对节理面胶结性能的可控，且垂向上水平应力采用单一通道加载，无法模拟储层上下隔层的应力遮挡情形。本研究中通过浇筑人工样品并预制筛网的方式实现层理面胶结性能的可控，实验测试结果证实，人工弱面剪切强度（内聚力为0.8MPa，内摩擦角为38°）与页岩层理面强度相接近（内聚力为6.4MPa，内摩擦角为40.6°）；在地应力加载方面，采用柔性加压方式进行加载，即在岩样表面与框架间放置1cm厚的中空加载板，通过注入高压流体向岩石表面传递应力，最高压力可达69MPa，与传统刚性加载[27]方式相比，克服了应力加载不均匀、垂向多层控制难度大的缺点。

1.2 三维离散格子模拟方法

三维离散格子方法是基于离散元方法的简化黏结颗粒模型[28]。岩石颗粒等效为有质量的节点，颗粒间接触等效为节点间的弹簧连接(图2)，通过赋予弹簧抗拉强度和抗剪强度来模拟基质的抗拉和抗剪破坏，赋予弹簧法向刚度和剪切刚度来模拟颗粒拉压和剪切变形。流体在流体单元之间的管网中流动。流体单元位于两节点的中间，连接相邻流体单元的流通通道为管道，多个连通的管道形成管网，新生微裂纹处生成的新流体单元将自动与已有流体单元连接生成新的管道，同时也将更新流体网络。由于裂纹、滑移和节理地张开和闭合等具有高度的非线性特征，模型使用显示差分方法进行求解计算，计算稳定性强、效率高，任意尺寸和方向的天然裂纹能在格子模型中进行插入计算。

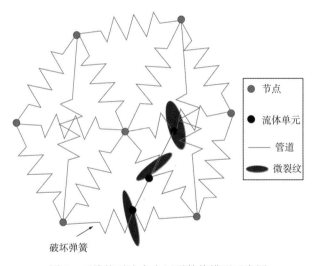

图2 三维格子法水力压裂数值模型示意图

每个节点由3个平动自由度和3个角度自由度构成，如下为平动自由度的中心差分公式：

$$\dot{u}_i^{(t+\Delta t/2)} = \dot{u}_i^{(t-\Delta t/2)} + \sum F_i^{(t)} \Delta t/m \qquad (1)$$

$$u_i^{(t+\Delta t)} = u_i^{(t)} + \dot{u}_i^{(t+\Delta t/2)} \Delta t \qquad (2)$$

式中 $\dot{u}_i^{(t)}$ ——时间 t 时 $i(i=1，2，3)$ 分量的速度，m/s；

$u_i^{(t)}$ ——时间 t 时 $i(i=1，2，3)$ 分量的位移，m；

$\sum F_i^{(t)}$ ——时间 t 时节点处 $i(i=1，2，3)$ 分量的合力，N；

Δt ——时间步长，s；

m ——节点的质量，kg。

为了消除计算过程中的不平衡力矩，需计算角速度 ω_i，公式为：

$$\omega_i^{(t+\Delta t)} = \omega_i^{(t-\Delta t/2)} + \frac{\sum M_i^{(t)}}{I} \Delta t \qquad (3)$$

式中 $\sum M_i^{(t)}$ ——时间 t 时 $i(i=1，2，3)$ 分量的合力矩，N·m；

I ——转动惯量，N·m²/(m/s²)。

通过节点的相对位移计算弹簧法向力和切向力的变化，即计算关系为：

$$F_{i,t+\Delta t}^N \leftarrow F_{i,t}^N + \dot{u}_{i,t}^N k^N \Delta t \qquad (4)$$

$$F_{i,t+\Delta t}^S \leftarrow F_{i,t}^S + \dot{u}_{i,t}^S k^S \Delta t \qquad (5)$$

式中 $F_{i,t}^N$ ——t 时刻 i 节点法向力；

$F_{i,t}^S$ ——t 时刻 i 节点切向力；

$\dot{u}_{i,t}^N$ ——t 时刻 i 节点法向速度；

$\dot{u}_{i,t}^S$ ——t 时刻 i 节点切向速度；

k^N ——弹簧的法向刚度，N/m；

k^S ——弹簧的切向刚度，N/m。

当 F^N 超过抗拉强度或 F^S 超过抗剪强度时，弹簧发生破坏，因此弹簧破坏模式有拉伸破坏和剪切破坏两种模式。弹簧破坏后产生微裂纹，此时 $F^N=0，F^S=0$。

预制裂纹和新生成裂纹(格子模型中网格破坏)在流体节点网络中通过管道相连，用经典的润滑方程来描述管道内的流体流动，管道从流体节点"A"到节点"B"的流量计算公式为：

$$q = \beta K_r \frac{a^3}{12\mu}[p^A - p^B + \rho_w g(z^A - z^B)] \qquad (6)$$

式中 q ——流体流量，m³/s；

β ——无量纲修正参数；

K_r ——相对渗透率；

a ——裂缝宽度，m；

μ——流体黏度，Pa·s；

p^A 和 p^B——节点 A 和 B 处压力，Pa；

z^A 和 z^B——节点 A 和 B 处高度，m；

ρ_w——流体密度，kg/m³；

g——重力加速度，m/s²。

使用显式数值方法求解随时间变化的流动演化模型，在流体时间步长 Δt_f 中，流体压差 Δp 为：

$$\Delta p = \frac{Q}{V}\bar{K}_F \Delta t_f \qquad (7)$$

式中 Q——单位时间内与节点相连管道的所有流量之和，m³/s；

V——节点处流体体积，m³；

$\bar{K}_F$——流体模量，Pa。

1.3 数值模型建立及其验证

针对均质砂岩、分层水平应力砂岩和含层理人工样品 3 类水力压裂实验，建立了相应的等尺度数值模型，岩石力学性能参数与压裂参数均与实验保持一致（表 1、表 2）。最后将模拟结果与实验结果进行对比，以验证建立的压裂数值模型的可靠性。

表 1 压裂实验岩石力学参数表

岩石类型	杨氏模量（GPa）	断裂韧度（MPa·m^0.5）	密度（g/cm³）	泊松比	单轴抗压强度(MPa)	单轴抗拉强度(MPa)	摩擦角（°）	内聚力（MPa）
砂岩	16	1.0	2.7	0.19	80	3.0	40	6.0
人工样品	10	0.5	2.5	0.17	60	2.0	41	1.5
预制层理面	—	—	—	—	—	0.5	38	0.8

表 2 不同类型压裂实验参数表

实验号	岩石类型	垂向应力（MPa）	最大水平主应力（MPa）	最小水平主应力（MPa）	压裂液黏度（mPa·s）	排量（mL/min）
1	均质砂岩	21	14	7	1000	30
2	分层水平应力砂岩	20	15/12/15	8/5/8	50	600
3	含层理人工样品	12	20	10	5	60

1 号均质砂岩压裂实验及模拟中，通过优化砂岩的 Carter 滤失系数为 5.49×10^{-6} m/s$^{1/2}$，最终在相同的注入排量 30mL/min 条件下，累计注入 15min，压力曲线与实验曲线误差小于 10%，裂缝形态与最终实验裂缝结果相一致，如图 3 所示，裂缝半长约为 35cm。模拟结果表明，针对均质砂岩压裂，天然裂缝不发育、无层理、没有层间应力干扰条件下，压裂裂缝沿着最大主应力方向扩展，呈现单一、垂直径向裂缝形态，即经典 Penny 硬币模型。

a.实际裂缝形态

914mm
762mm
b.数值模拟裂缝形态

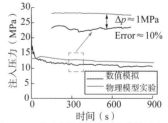
$\Delta p \approx 1$MPa
Error ≈ 10%
数值模拟
物理模型实验
注入压力（MPa）
时间（s）
c.实验和数值模拟压力曲线对比

图 3 1 号实验压裂及数值模拟结果对比图

2 号分层水平应力砂岩压裂实验中，采用直井型压裂，模拟上下隔层与中间储层水平应力差异对缝高的抑制情形，储隔层厚度在岩石高度方向上均分。层间水平应力差值设置为 7MPa，采用线性胶液体。为了详细观察缝高扩展尺度，实验结束后沿着最大水平主应力方向，对岩样进行切片测量缝高，将不同切片处缝高绘制成面，得到水力裂缝三维空间形态图，如图4所示。结果表明，裂缝高度由井筒向岩石两侧边界逐渐降低，同时井筒附近裂缝高度延伸出中间储层，整体呈现椭圆形态，可见7MPa层间水平应力差值对裂缝垂向延伸的抑制作用明显，压裂实验与数值模拟结果具有一致性。

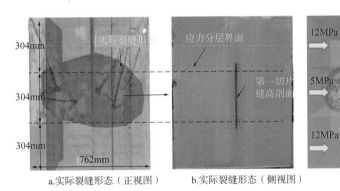

a.实际裂缝形态（正视图）　　b.实际裂缝形态（侧视图）　　c.数值模拟压力

图4　2号实验压裂及数值模拟结果对比图

3号含层理人工样品压裂实验及模拟中，采用水平井型设计，井筒上下两侧150mm处分别设置两条600mm×800mm的矩形水平层理面，层理面力学强度低于人工样品和砂岩基质（图5）。为了放大层理面对裂缝高度延伸的影响，地应力场设置为走滑断层模式，压裂液采用低黏（5mPa·s）滑溜水体系。模拟结果表明，水力裂缝虽然在垂向上突破上下层理扩展，相比1号实验径向裂缝形态，本组裂缝形态沿着水平方向扩展尺度更大，整体呈现椭圆裂缝形态，可见层理面对裂缝垂向延伸的抑制作用明显，压裂实验与数模结果一致。

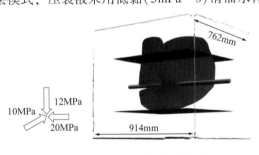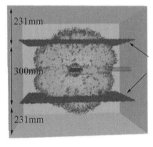

a.实际裂缝剖面　　　　　b.数值模拟裂缝形态（正视图）　　c.数值模拟裂缝形态（侧视图）

图5　3号实验压裂及数值模拟结果对比图

通过上述3种不同类型大物模实验进一步验证了离散格子压裂模型数值模拟结果的合理性，并在此基础上针对致密气和页岩气两类不同地质条件建立了现场尺度数值模型，并开展影响因素的敏感性分析，为上述储层缝高扩展程度的工艺优化设计提供技术指导。

2 致密砂岩气储层缝高模拟及主控因素

2.1 模拟方案

苏里格致密砂岩气藏具有砂体规模小、厚度薄、两向水平应力差大、脆性条件中等的特点，岩性为砂泥岩交互，层理不发育，对裂缝纵向延伸控制作用小，因此在压裂过程中较小的储层厚度极易导致纵向缝高突破隔层。因此参考盒8段、山1段主力产层地质特征[5-7]，建立现场尺度直井压裂数值模型，如图6所示，模型的基础力学参数及施工参数取值范围与现场条件一致，如表3、表4所示。为了提升计算效率，本模型不考虑压裂液在基质中的流动，注入总液量不变，储隔层两向水平主应力差值均为8MPa。重点聚焦于影响缝高延伸的储层厚度、垂向储隔层水平主应力差、储隔层杨氏模量差、施工排量和流体黏度 5 类参数。每类参数分别考察 3 组水平值，累计 11 组模型。其中 1 号模型为基础模型，各类参数取中间水平值。为了便于分析，基于模拟结果，定义了裂缝有效扩展面积系数，即储层内裂缝扩展面积/裂缝扩展总面积。

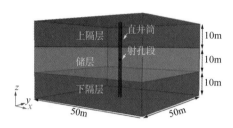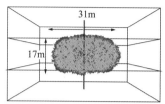

图 6　1 号模型储隔层压裂数值模型（左）和三维裂缝形态（右）图

表 3　模型 1 基本力学参数表

模型	垂向应力（MPa）	储层水平主应力（MPa）		储层杨氏模量（MPa）	泊松比	抗张强度（MPa）	单轴抗压（MPa）	内摩擦角（°）
		最大	最小					
1 号	68	56	48	25000	0.23	4	60	31

表 4　模型研究参数设计表

模型	储层厚度（m）	隔层最小水平主应力（MPa）	隔层杨氏模量（MPa）	排量（m³/min）	黏度（mPa·s）
1 号	10	53	25000	6	20
2 号	5	同模型 1	同模型 1	同模型 1	同模型 1
3 号	15	同模型 1	同模型 1	同模型 1	同模型 1
4 号	同模型 1	48	同模型 1	同模型 1	同模型 1
5 号	同模型 1	58	同模型 1	同模型 1	同模型 1
6 号	同模型 1	同模型 1	15000	同模型 1	同模型 1
7 号	同模型 1	同模型 1	35000	同模型 1	同模型 1
8 号	同模型 1	同模型 1	同模型 1	2	同模型 1
9 号	同模型 1	同模型 1	同模型 1	10	同模型 1
10 号	同模型 1	同模型 1	同模型 1	同模型 1	2
11 号	同模型 1	同模型 1	同模型 1	同模型 1	150

由 1 号模型的裂缝空间扩展形态及三视图表明（图 6），在特定的地质和工程条件下，水力裂缝垂向扩展受到层间 5MPa 的水平应力差的影响，裂缝整体呈现缝高受控的长方形态，井筒处缝高最大为 17m，缝长 31m；但裂缝并未完全限制在储层内，在井筒附近缝高进入上下隔层 7m，导致裂缝垂向扩展面积系数为 68.87%。

2.2 模拟结果分析

在模型总厚度 30m 不变的基础上，分别设置储层厚度为 5m、10m 和 15m，储隔层厚度比分别为 1:2.5、1:1、1:0.5，模拟结果如图 7 所示。随着储层厚度的增大，缝高增加，缝长减小；但缝长变化幅度较缝高变化更为明显，裂缝面形态由椭圆形向长方形过度，即裂缝长高比（即：裂缝长度比上裂缝高度）由 2.2 降低至 1.68。裂缝在储层内有效扩展面积系数由 38.99% 大幅提高到 91.9%。由此可见，随着储层厚度的减小，液体有效造缝效率大幅降低，改造的经济性变差。

目前苏里格多薄层致密砂岩气藏普遍采用多层

分压合求工艺，但仍存在部分层段产能贡献率低，甚至无产能贡献情况[29]，因此进一步加强地质认识，优选改造层位，在工艺上对于储层厚度小于5m的薄层强化参数优化，提高液体造缝有效性，

而针对跨度在20m以内的多薄层还可进一步探索多层合压工艺技术，必要时通过限流压裂、暂堵等工艺措施提升合压多层裂缝的开启效率。

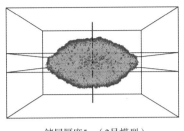

a.储层厚度5m（2号模型）

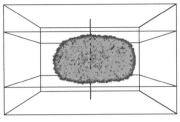

b.储层厚度15m（3号模型）

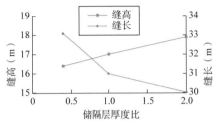

c.不同储隔层厚度比下的缝高和缝长

图7　不同储层厚度条件下水力裂缝空间延伸形态图

在储层厚度10m不变的基础上，分别设置储隔层应力差为0、5MPa和10MPa，模拟结果如图8所示。随着层间水平应力差的增大，缝高显著降低，缝长明显增加，裂缝形态由圆形向长方形过渡，裂缝长高比由0.99提高到2.22。裂缝在储层内有效扩展面积系数由56.59%提高到78.83%。由此可见，随着储隔层间水平应力差的增大，水力裂缝进入上下隔层延伸的趋势降低。考虑到苏里格致密砂岩气储层盒8段、山1段等主力开发层段

储层和隔层应力差较小[29]，普遍为5~8MPa。从模拟结果来看，在井筒附近缝高进入上下隔层5m，即缝高的30%及裂缝面积的20%进入上下隔层，因此在该类储层地质条件下水力裂缝极易穿过储层进入上下隔层扩展，控制缝高过度延伸则成为压裂工艺优化设计的重要原则之一，而开展纵向地应力剖面精细研究又是提升控制缝高工艺设计水平的重要保障。

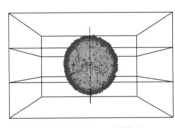

a.应力差为0（4号模型）

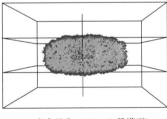

b.应力差为10MPa（5号模型）

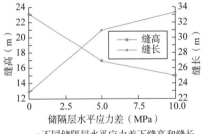

c.不同储隔层水平应力差下缝高和缝长

图8　不同储隔层应力差下水力裂缝空间延伸形态图

在储层厚度10m不变的基础上，分别设置隔层杨氏模量为$1.5×10^4$MPa、$2.5×10^4$MPa和$3.5×10^4$MPa，模拟结果如图9所示。随着隔层杨氏模量的增大，缝高增大，缝长减小，裂缝形态由细长方形向宽长方形过渡，缝长高比由2.35降低为1.65。由此可见，储隔层岩石力学性质差异特别是杨氏模量差异也对裂缝垂向延伸具有显著的影响。从测井解释结果显示[7]，盒8段储层在深度方向上的杨氏模量呈现不同程度变化，特别是在10m级

范围内变化幅度为$(1.0~2.0)×10^4$MPa，因此在致密砂岩气藏压裂设计中，应综合运用多种分析技术手段提升米级薄互层垂向上岩石力学刻画精度，通过测井解释技术并结合连续性取心测试来刻画储隔层的动静态岩石力学性质，为缝高模拟及工艺参数优化研究提供可靠的模型参数。

在储层厚度10m不变的基础上，分别设置施工排量为$2m^3/min$、$6m^3/min$、$10m^3/min$，模拟结果如图10所示。随着施工排量的提升，缝高略有

增长，缝长方向减小明显，裂缝形态由长方形向椭圆形过度，缝长高比由 2.02 降低为 1.65，同时裂缝在储层内有效扩展面积系数由 71% 降低到 65.84%。由此可见，施工排量的提高不利于裂缝在储层内扩展。考虑到苏里格致密砂岩储层特征，储隔层应力差小，隔层厚度小，较高排量易导致裂缝突破隔层，造成缝高失控；同时裂缝横向扩展受限，现场实践也证实了上述认识[29]；施工排量为 6~6.5m³/min 时，缝高突破底部薄隔层遮挡。因此在压裂设计时，需要结合储层纵向地质认识，优化适度的施工排量，在控制缝高不过度延伸的前提下，实现横向扩展程度的最大化。

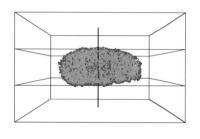
a.杨氏模量为1.5×10⁴MPa（6号模型）

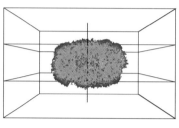
b.杨氏模量为3.5×10⁴MPa（7号模型）

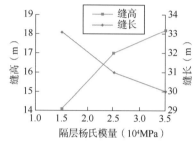
c.不同隔层杨氏模量下的缝高和缝长

图 9　不同隔层杨氏模量下水力裂缝空间延伸形态图

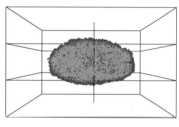
a.排量为2m³/min（8号模型）

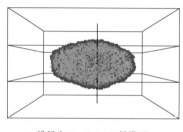
b.排量为10m³/min（9号模型）

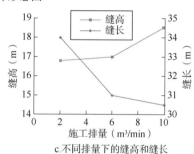
c.不同排量下的缝高和缝长

图 10　不同排量下水力裂缝空间延伸形态图

在储层厚度 10m 不变的基础上，分别设置施工排量为 2m³/min、6m³/min、10m³/min，模拟结果如图 11 所示。随着流体黏度的提高，缝高略有增加，但缝长减小的程度更明显，裂缝整体形态由长方形向椭圆形过度，缝长高比由 2.09 降低为 1.69，裂缝有效扩展面积系数由 72% 降低为 60.96%。可见，较高的流体黏度在增加缝高的同时，又限制缝长方向扩展，不有利于裂缝在储层内有效延伸。前期通过现场实践探索混合压裂技术，在原有高黏冻胶压裂液泵注基础上，增加低黏胶液或滑溜水使用比例，控制缝高的同时增大了储层内扩展尺度，取得了较好的增产效果。特别是在当前页岩油气滑溜水压裂成为主体技术模式的背景下，滑溜水比例已经达到 80%~100%，因此在该类致密砂岩气储层继续探索滑溜水应用比例上限，助力降本增效，也是压裂工艺持续设计优化的重要内容。

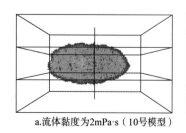
a.流体黏度为2mPa·s（10号模型）

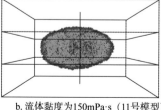
b.流体黏度为150mPa·s（11号模型）

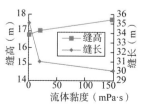
c.不同流体黏度下的缝高和缝长

图 11　不同流体黏度下水力裂缝空间延伸形态图

2.3 缝高敏感性分析

在对裂缝形态认识的基础上，为了进一步明确各因素影响程度，将缝高和垂向裂缝面积系数统计并绘制图12所示。通过各参数的曲线对比可知，在1号模型基础参数条件下，影响裂缝扩展形态和造缝效率的主控因素略有不同，扩展形态的影响以储隔层应力差最为明显，其次为储隔层杨氏模量、储层厚度、流体黏度和施工排量。而对造缝效率的影响，则以储层厚度最为明显，其次为储隔层应力差、储隔层杨氏模量、流体黏度和施工排量。整体而言，工程因素的影响程度要明显低于地质因素的影响。

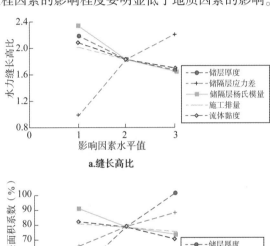

a.缝长高比

b.裂缝有效扩展面积系数

图12 不同影响因素条件下的裂缝延伸变化趋势图

本研究是以层间5MPa水平主应力差、10m储层厚度、1储隔层厚度比、1层间岩石杨氏模量比为基准参数进行对比分析，从1号模型的穿层效果来看，以缝高受控的长方形为主，而如果降低层间应力差，则工程参数的影响程度会有所提升；因此对于缝高受控规律的研究，需要建立在对目标区块储层地质特征的准确认识基础上。强化地质工程一体化研究是开展高效储层改造优化设计的关键。

3 页岩气储层缝高模拟及主控因素分析

3.1 模拟方案

相比致密气储层，我国四川盆地页岩气具有层理发育、构造应力强等特点[30]，缝高容易受层理限制，导致纵向上改造程度低，影响改造效果。因此，为了更深入研究缝高延伸机理，参考四川盆地长宁—威远页岩气示范区走滑应力构造特征，建立现场尺度多层理条件下水平井压裂数值模型50m×50m×30m，模型的基础力学参数及施工参数取值范围与现场条件一致（表5、表6）。为了聚焦裂缝垂向扩展规律，提升计算效率，本模型仅考虑单簇裂缝扩展，不考虑压裂液在基质中的流动，注入总液量不变，不考虑储隔层两向水平主应力和杨氏模量差异。本部分重点考察影响缝高延伸的构造应力、层理面间距、层理面强度、施工排量及流体黏度5类关键参数，每类参数分别考察3组水平值，累计11组模型。其中1号模型为基础模型，各类参数取中间水平值，5类模型模拟结果均与1号模型进行对比。为了便于分析，定义裂缝垂向扩展面积系数为垂向上裂缝扩展面积/裂缝扩展总面积。

表5 1号模型基本力学参数表

储层水平主应力（MPa）		储层杨氏模量（MPa）	泊松比	抗张强度（MPa）	单轴抗压（MPa）	内摩擦角（°）
最大	最小					
85	70	40000	0.25	10	180	40

表6 不同模型研究参数设计表

模型	垂向主应力(MPa)	层理面间距(m)	层理面抗拉强度及内聚力(MPa)	排量(m³/min)	黏度(mPa·s)
1号	78	6	5	4	20
2号	74	同模型1	同模型1	同模型1	同模型1
3号	82	同模型1	同模型1	同模型1	同模型1
4号	同模型1	3.33	同模型1	同模型1	同模型1
5号	同模型1	10	同模型1	同模型1	同模型1
6号	同模型1	同模型1	1	同模型1	同模型1
7号	同模型1	同模型1	8	同模型1	同模型1
8号	同模型1	同模型1	同模型1	2	同模型1
9号	同模型1	同模型1	同模型1	6	同模型1
10号	同模型1	同模型1	同模型1	同模型1	2
11号	同模型1	同模型1	同模型1	同模型1	150

图13为1号模型的裂缝空间扩展形态及三视图，水力裂缝垂向扩展受到层理的制约，在模型中缝高分别在上部的第1层和下部第4层的层理面处止裂，裂缝高度为18m。从侧视图（图13b）来看，每条层理与垂直主缝相交处均有不同程度的开启，裂缝整体呈现以垂直主缝为主的"丰"形特征，沿着井筒方向水平层理开启一定范围，本模型裂缝垂向扩展面积系数为79.87%；从主视图（图13c）来看，由于缝高在上下两条层理面处止裂，因此裂缝面呈现矩形形态。

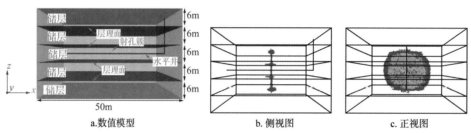

图13 模型1号含层理页岩压裂数值模型和三维裂缝形态图

3.2 模拟结果

在走滑断层模式下，随着垂向主应力减小（如2号模型所示），水力压裂缝高受层理的控制更为明显，压裂液开启井筒下部第3层理面，并在此层理面上呈现规模扩展，呈现倒"T"形（图14a）。随着垂向应力增大（如3号模型所示），水力压裂主缝缝高穿层明显，裂缝高度突破了井筒上下4条层理面，虽然3号模型裂缝略有沟通层理迹象，但整体呈现垂直主缝"1"形扩展形（图14b）。由此可见，在走滑应力构造背景下，随着垂向主应力与水平最小水平主应力差值的增大，水力裂缝穿层趋势增强，层理面沟通规模减小，裂缝面整体形态由半椭圆形向矩形、椭圆形及圆形过度（图14c）。虽然均为走滑构造模式，但不同三向构造应力差导致裂缝穿层效果差异性较大；为此强化地质力学研究，特别是构造应力方面研究，是准确认识裂缝穿层形态及针对性工艺优化设计的重要保障。

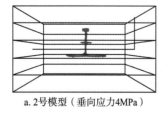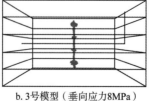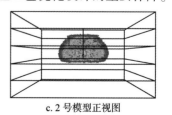

a.2号模型（垂向应力4MPa）　　b.3号模型（垂向应力8MPa）　　c.2号模型正视图

图14 不同类型走滑断层模式下水力裂缝空间形态图

随着层理面发育程度的提高(如 4 号模型所示)，层理面距离减小至 3.33m，即井筒上下各发育 4 条层理时，与 1 号、5 号模型相比，水力压裂缝高受层理的控制更为明显，分别在井筒上部第 1 层和下部第 3 层的层理面处止裂；同时压裂液开启井筒上部第 1 层理面，并在此层理面上呈现规模扩展，呈现 T 字形特征(图 15a)。随着层理面距离增大至 10m，即井筒上下各有 1 条层理时(如 5 号模型所示)，与 1 号和 4 号模型相比，水力压裂主缝缝高穿层趋势更为明显；本模型虽略有沟通层理迹象，但整体呈现

垂直主缝扩展的"丰"字形特征(图 15b)。由此可见，随着层理面发育程度的降低，即层理面间距增大，水力裂缝穿层的趋势增强，层理面沟通规模减小，裂缝面整体形态由半椭圆形向矩形、椭圆形及圆形过度，与构造应力的影响类似(图 15c)。为此在该类储层改造工艺优化设计中，需进一步强化储层精细化描述，通过剖面观察、钻井取心、成像测井等技术手段综合分析研判层理面的发育程度，特别是页岩油气储层层理交互呈现"厘米级"特点，对储层描述和储层改造均提出更高的要求。

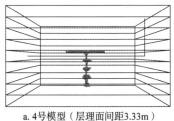 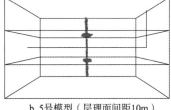 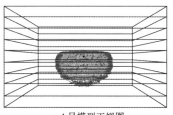

a. 4 号模型（层理面间距3.33m）   b. 5号模型（层理面间距10m）   c. 4 号模型正视图

图 15 不同层理面发育程度下水力裂缝空间形态图

随着层理面胶结强度的减小(如 6 号模型所示)，与 1 号模型相比，水力压裂缝高完全受控于井筒上下两条层理面，缝高仅为层理面的间距 6m，裂缝呈现典型的"工"形特征(图 16a)，即缝高未突破任何层理面，并造成了上下两条层理面的张开。而随着层理面胶结强度的增大(如 7 号模型所示)，水力压裂主缝缝高穿层明显，裂缝高度突破了井筒上下 4 条层理面，缝高达到 22.5m，为 3 组模型最大；虽然 7 号模型裂缝略有沟通层理迹象，但整体呈现垂直主缝"1"形扩展形态(图 16b)。由此可

见，随着层理面胶结强度的增大，水力裂缝穿层趋势显著增强，裂缝面整体形态由被层理面完全限制的矩形缝特征向裂缝高度更大的 1 号矩形和 7 号椭圆形裂缝过渡。目前，对于层理面胶结强度的测试，无论是抗张强度还是剪切强度，由于含层理页岩岩心钻取制备困难，实验室难以获得较准确的强度参数；因此可通过实际钻井取心观察的方式进行估算，或者在有裂缝诊断数据的前提下，通过对实际缝高的拟合来数值反演层理面胶结强度。

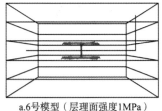 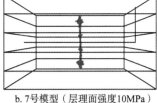 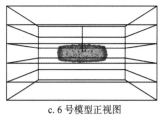

a.6号模型（层理面强度1MPa）   b.7号模型（层理面强度10MPa）   c. 6 号模型正视图

图 16 不同层理面胶结强度下水力裂缝空间形态图

随着施工排量的减小(如 8 号模型所示)，水力压裂主缝缝高受层理的控制较为明显；但与之前裂缝形态不同，本次低排量既张开了井筒上部第 1 层理面，又同时在局部穿过了该层理面，主要是因

为层理面强度赋值为正态分布函数，在局部层理面强度较强的区域水力裂缝容易出现穿过情形，包括之前的"T"形也是上述原因，在该模型侧视图呈现"十"形(图 17a)。而随着施工排量的增大(如 9 号

模型所示），水力压裂主缝缝高穿层明显，裂缝高度突破了井筒上下 4 条层理面；虽然 9 号模型裂缝垂向上有沟通层理迹象，但整体呈现垂直主缝"1"形扩展形态(图 17b)。由此可见，随着施工排量的增大，水力裂缝穿层趋势显著增强。当前页岩油气改造普遍采用长水平井分段多簇完井模式，单段簇数达到 10~15 簇，施工排量提升到 12~18m³/min，考虑到分簇射孔的裂缝起裂效率，实际压裂过程

中，单簇裂缝的有效进液排量大致为 2~6m³/min，即 8 号、9 号模型范围。在施工排量不变的情况下，单段完井簇数的增多实际降低了单簇裂缝的进液量，不利于缝高方向延伸；因此对于层理发育缝高受控明显的储层，单段施工簇数的优化设计是关键，在保证多簇裂缝有效起裂的同时，还需要兼顾排量对缝高的影响。

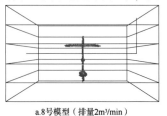 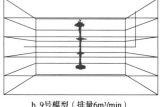 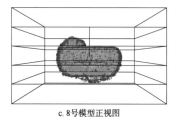

a. 8号模型（排量2m³/min）   b. 9号模型（排量6m³/min）   c. 8号模型正视图

图 17 不同施工排量下水力裂缝空间形态图

随着流体黏度的减小(如 10 号模型所示)，与 1 号模型相比，水力压裂主缝缝高受层理的控制更为明显，分别在井筒上部第 1 层和下部第 2 层的层理面处止裂。同时压裂液开启井筒上部第 1 层理面，并在此层理面上呈现规模扩展，呈现"T"形特征(图 18a)。而随着流体黏度的增大(如 11 号模型所示)，水力压裂主缝缝高穿层明显，裂缝高度突破了井筒上下 4 条层理面；虽然 11 号模型裂缝略有沟通层理迹象，但整体呈现垂直主缝"1"形扩展形态(图 18b)。由此可见，随着流体黏度的增大，水力裂缝穿层趋势显著增强。当前大排量+滑溜水携砂已

成为页岩油气主体改造技术模式，液体配方简化，一方面降低成本，另一方面减小储层伤害，补充地层能量，流体黏度控制在 5mPa·s 以内。但 10 号模型所示，较低的流体黏度又不利于缝高延伸，特别是对于层理发育储层，采用低黏滑溜水施工并不能带来较好的改造效果，因此可探索不同黏度流体"逆混合"泵注技术模式，即先注入高黏流体突破层理造主缝，实现缝高方向上有效延伸，后期注入低黏滑溜水激活与主缝相交的层理面，提高横向裂缝改造程度，从而实现储层三维空间的有效改造。

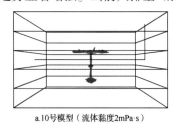 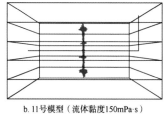 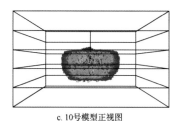

a. 10号模型（流体黏度2mPa·s）   b. 11号模型（流体黏度150mPa·s）   c. 10号模型正视图

图 18 不同流体黏度下水力裂缝空间形态图

3.3 缝高敏感性分析

在对裂缝形态认识的基础上，为了进一步明确各因素影响程度，将缝高和垂向裂缝面积系数统计并绘制图 19 所示。通过曲线对比可知，在 1 号模型基础参数条件下，影响裂缝延伸形态和穿层效率

的主控因素，以层理面胶结强度最为明显，其次影响因素顺序为层理面间距(发育程度)、垂向应力、流体黏度和施工排量；但后 4 类因素对缝高的影响程度基本相当。需要指出的是，本研究是以垂向应力和水平最小主应力差 8MPa、层理面间距 6m、层理面胶结强度是基质的 0.5 倍为基准参数进行的对

比分析，从1号模型的穿层效果来看，仍然是以垂直裂缝形态为主，因此与致密气模型认识相同，相对地质参数，工程参数的影响程度要低，而如果将基准模型的整体地质参数降低，则工程参数的影响程度会有所提升，因此强化地质工程一体化研究仍是开展高效储层改造优化设计的关键。

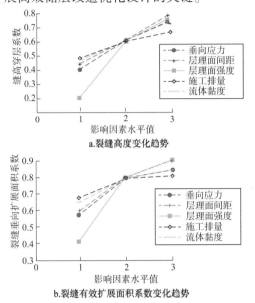

图19 不同因素条件下的裂缝延伸变化趋势图

4 结论与认识

（1）致密砂岩和页岩气藏裂缝扩展形态具有显著差异。针对鄂尔多斯致密砂岩气藏而言，裂缝面形态以圆形、椭圆、长方形为主，分别对应缝高不受控、缝高部分受控和完全受控3种；而对于页岩气藏，由于层理面的存在，三维空间形态更为复杂，裂缝垂向扩展分别呈现"1"形、"丰"形、"T"形、"十"形和"工"形5种形态，裂缝面形态分别对应圆形、椭圆形、半椭圆形、非规则形和长方形，分别对应缝高完全不受控、缝高略有受控、缝高部分受控和完全受控4种，其中"T"形半椭圆形和"十"形非规则形复杂裂缝形态均属于缝高部分受控模式。

（2）地质条件是两类气藏三维裂缝空间扩展形态的主控因素。针对鄂尔多斯致密砂岩气藏，以储隔层应力差和厚度差异的影响最为明显，其次为储隔层杨氏模量差异、流体黏度和施工排量；针对走滑断层机制下的页岩气藏，以层理面胶结强度的影

响最为明显，其次为层理面间距（发育程度）、垂向应力、流体黏度和施工排量。因此针对目标区块，强化地质工程一体化研究，明确储层地质力学特征，是准确认识致密砂岩、页岩气藏裂缝穿层形态及针对性工艺优化设计的重要保障。

（3）根据不同的气藏地质特征应采用不同的压裂工艺设计模式。对于薄层致密砂岩气藏，以控制缝高为目的，采用适度的施工排量，并增加低黏胶液或滑溜水等前置液使用比例，可控制缝高在不过度延伸的前提下，实现横向扩展程度的最大化；对于层理控制缝高显著的页岩气藏，以提高垂向改造程度为目的，可采用前期高黏液造主缝，后期低黏滑溜水沟通水平层理的"泥混合"改造技术模式，既提升储层垂向改造程度，又可激活与主缝相交的层理面，最终实现储层三维空间的有效改造动用。

参考文献

[1] 孙龙德，邹才能，贾爱林，等．中国致密油气发展特征与方向[J]．石油勘探与开发，2019，46(6)：1015-1026.

[2] 位云生，贾爱林，何东博，等．中国页岩气与致密气开发特征与开发技术异同[J]．天然气工业，2017，37(11)：43-52.

[3] 雷群，杨立峰，段瑶瑶，等．非常规油气"缝控储量"改造优化设计技术[J]．石油勘探与开发，2018，45(4)：719-726.

[4] 吴奇，胥云，王腾飞，等．增产改造理念的重大变革：体积改造技术概论[J]．天然气工业，2011，31(4)：7-12.

[5] 慕立俊，马旭，张燕明，等．苏里格气田致密砂岩气藏储层体积改造关键问题及展望[J]．天然气工业，2018，38(4)：161-168.

[6] 凌云，李宪文，慕立俊，等．苏里格气田致密砂岩气藏压裂技术新进展[J]．天然气工业，2014，34(11)：66-72.

[7] 马旭，郝瑞芬，来轩昂，等．苏里格气田致密砂岩气藏水平井体积压裂矿场试验[J]．石油勘探与开发，2014，41(6)：742-747.

[8] 焦方正．陆相低压页岩油体积开发理论技术及实践：以鄂尔多斯盆地长7段页岩油为例[J]．天然气地球科学，2021，32(6)：836-844.

[9] 焦方正．页岩气"体积开发"理论认识、核心技术与

实践[J]. 天然气工业, 2019, 39(5): 1-14.

[10] 许丹, 胡瑞林, 高玮, 等. 页岩纹层结构对水力裂缝扩展规律的影响[J]. 石油勘探与开发, 2015, 42(4): 523-528.

[11] Warpinski N R, Clark J A, Schmidt R A, et al. Laboratory investigation on the effect of in situ stresses on hydraulic fracture containment[C]//paper 9834 presented at the SPE/DOE Low Permeability Symposium, Denver, USA. 1981.

[12] Teufel L W, Clark J A. Hydraulic fracture propagation in layered rock: experimental studies of fracture containment[C]//paper 9878 presented at the SPE/DOE Low Permeability Symposium, Denver, USA. 1981.

[13] Altammar M J, Sharma M M. Effect of geological layer properties on hydraulic fracture initiation and propagation: an experimental study[C]//paper 184871 presented at the SPE Hydraulic Fracturing Technology Conference, Woodlands, USA. 2017.

[14] 李传华, 陈勉, 金衍. 层状介质水力压裂模拟实验研究[C]//中国岩石力学与工程学会第七次学术大会论文集. 北京: 中国科学技术出版社, 2002: 124-126.

[15] 刘玉章, 付海峰, 丁云宏, 等. 层间应力差对水力裂缝扩展影响的大尺度实验模拟与分析[J]. 石油钻采工艺, 2014, 4(22): 88-92.

[16] Gu H, Siebrits E, Sabourov A. Hydraulic fracture modeling with bedding plane interfacial slip[C]//paper 117445 presented at the SPE Eastern Regional/AAPG Eastern Section Joint Meeting, Pittsburgh USA, 2008.

[17] Chuprakov D, Prioul R. Hydraulic fracture height growth limited by interfacial leakoff[J]. Hydraulic Fract J, 2015, 2(4): 21-34.

[18] 王瀚, 刘合, 张劲, 等. 水力裂缝的缝高控制参数影响数值模拟研究[J]. 中国科学技术大学学报, 2011, 41(9): 820-825.

[19] 吴锐, 邓金根, 蔚宝华, 等. 临兴区块石盒子组致密砂岩气储层压裂缝高控制数值模拟研究[J]. 煤炭学报, 2017, 42(9): 2393-2401.

[20] Abbas S, Gordeliy E, Peirce A, et al. Limited height growth and reduced opening of hydraulic fractures due to fracture offsets: an XFEM application[C]//paper 168622 presented at the SPE Hydraulic Fracturing Technology Con-ference, Woodlands, USA. 2014.

[21] Kaimin Y, Olson J, Schultz R, et al. The Effect of Layered Modulus on Hydraulic-Fracture Modeling and Fracture-Height Containment[C]//paper 195683 presented at the SPE/AAPG/SEG Unconventional Resources Technology Conference, Houston, USA. 2018.

[22] Tang Jizhou, Wu Kan, Zuo Lihua. Investigation of rupture and slip mechanisms of hydraulic fractures in multiple-layered formations[C]//paper 197054 presented at the SPE/AAPG/SEG Unconventional Resources Technology Conference, Houston, USA. 2018.

[23] 张丰收, 吴建发, 黄浩勇, 等. 提高深层页岩裂缝扩展复杂程度的工艺参数优化[J]. 天然气工业, 2021, 41(1): 125-135.

[24] 付海峰, 刘云志, 梁天成, 等. 四川省宜宾地区龙马溪组页岩水力裂缝形态实验研究[J]. 天然气地球科学, 2016, 27(12): 2231-2236.

[25] Roberto S R, Larry B, Sid G, et al. Defining three regions of hydraulic fracture connectivity, in unconventional reservoirs, help designing completions with improved long-term productivity[C]//paper 166505 presented at the SPE Annual Technical Conference and Exhibition, New Orleans, USA. 2013.

[26] Casas L, Miskimins J L, Black A, et al. Laboratory hydraulic fracturing test on a rock with artificial discontinuities[C]//paper 103617 presented at the SPE Annual Technical Conference and Exhibition, San Antonio, USA. 2006.

[27] 郭印同, 杨春和, 贾长贵, 等. 页岩水力压裂物理模拟与裂缝表征方法研究[J]. 岩石力学与工程学报, 2014, 33(1): 52-59.

[28] Bakhshi E, Rasouli V, Ghorbani A, et al. Lattice numerical simulations of lab-scale hydraulic fracture and natural interface interaction[J]. Rock Mechanics and Rock Engineering, 2019, 52(5): 1315-1337.

[29] 慕立俊, 马旭, 张燕明, 等. 苏里格气田致密砂岩气藏储层体积改造关键问题及展望[J]. 天然气工业, 2018, 38(4): 161-168.

[30] 沈骋, 谢军, 赵金洲, 等. 提升川南地区深层页岩气储层压裂缝网改造效果的全生命周期对策[J]. 天然气工业, 2021, 41(1): 169-177.

英台火山碎屑岩致密气藏产能微观影响因素分析

张国一，王志文，李忠诚

中国石油吉林油田公司勘探开发研究院，吉林松原138000

摘　要：以英台气田营二段火山碎屑岩为例，从储层孔隙结构微观表征出发，分析了影响火山碎屑岩致密储层识别的主要因素，利用毛细管压力资料等，开展火山致密储层孔隙结构分类定量评价，分析试气效果与孔隙结构关系。结果表明，营二段储层可分为火山沉积岩和沉积岩，岩性主要为凝灰质砂砾岩和砂岩、细砂岩。研究发现，产气强度大于 $1000 m^3/m$ 的层位有 4 个，其储层分选系数、均质系数、孔喉直径均值和退汞效率都高，排驱压力和中值压力低；产气强度小于 $1000 m^3/m$ 的层位有 6 个，其储层分选系数、均质系数、孔喉直径均值和退汞效率都低，排驱压力和中值压力高。储层的产能要根据多个微观孔隙结构参数综合分析。

关键词：火山碎屑岩；致密储层；产能；孔隙结构

Analysis of Micro Affecting Factors on Productivity of Tight Gas Reservoir in Yingtai Pyroclastic

Zhang Guoyi，Wang Zhiwen，Li Zhongcheng

Research Institute of Exploration and Development，Jinlin Oil field，Songyuan，Jilin138000，China

Abstract：Taking the second member of Yingcheng Formation in Yingtai gas field as an example，this paper analyzes the main factors influencing the identification of tight volcanic clastic reservoir based on the microscopic characterization of reservoir pore structure，carries out the classification and quantitative evaluation of volcanic tight reservoir pore structure by using capillary pressure data，and analyzes the relationship between gas testing effect and pore structure，The results show that the reservoir of the second member of Ying Formation can be divided into volcanic sedimentary rock and sedimentary rock，and the lithology is mainly tuffaceous glutenite，sandstone and fine sandstone. There are four layers with gas production intensity greater than $1000m^3/m$，with high separation coefficient，homogenization coefficient，average pore throat diameter and mercury removal efficiency，and low displacement pressure and median pressure. There are 6 layers with gas production intensity less than $1000m^3/m$，with low separation coefficient，homogenization coefficient，average pore throat diameter and mercury removal efficiency，and high displacement pressure and median pressure. Reservoir productivity should be comprehensively analyzed according to multiple micro pore structure parameters.

Key words：pyroclastic rock；tight reservoir；capacity；pore structure

基金项目："松辽盆地深部含油气系统研究"（2021DJ0205）。

第一作者简介：张国一，1983 年生，男，高级工程师，现从事天然气开发工作。

邮箱：zhanggyiol-jl@ petrochina. com. cn

致密气指产自致密储层中的非常规天然气，储层孔隙度一般小于12%，渗透率小于0.1mD；单井无自然产能或自然产能低于工业气流下限，但在一定经济条件和技术措施下可以获得工业产量。

致密储层渗透率低，主要有两方面原因：一是孔隙小，二是孔隙结构复杂。在常规储层中，孔隙大小对渗透率影响最大，孔隙结构影响较小；但在致密储层中，孔隙结构对渗透率的影响远超过孔隙大小。因此，孔隙结构表征是明确储层渗透性及求取产能的关键。前人对致密储层的研究多见于砂岩、砾岩、碳酸盐岩，而针对火山碎屑岩致密储层的研究较少，随着火山岩气藏的开发，火山碎屑岩致密储层受到关注。本文以英台断陷营城组二段火山碎屑岩致密气为例，从储层孔隙结构的研究入手，探讨孔隙结构与产能之间的关系。

英台断陷位于松辽盆地南部的西部断陷带北部，营城组二段（简称营二段）为主要含气层段。营二段沉积时期发生大面积湖侵，发育介于火山岩相和陆源碎屑沉积相的火山沉积相，受湖盆演化和火山喷发双重作用控制，具有火山—沉积型层序特征。营二段气藏发育原生孔、次生孔和裂缝3种储集空间，孔隙结构复杂，类型多样，孔隙度、渗透率极低，属于火山碎屑岩致密储层。

1 火山碎屑岩致密储层微观孔隙结构

1.1 致密储层基本特征

营二段储层可分为火山沉积岩和沉积岩，岩性主要为凝灰质砂砾岩和砂岩、细砂岩。分析表明：泥岩占39.01%，砂岩占28.98%，凝灰质角砾岩占10.65%，砂砾岩占10.63%，其余岩性所占比例很小。

通过对英台气田7口取心井95.1m岩心的描述和116张岩样薄片观察，以及9口井的FMI成像测井识别，英台气田营二段火山碎屑岩储集空

间按形态分为孔隙和裂缝两大类。储集空间以次生孔—缝为主，次生孔以粒内溶孔和粒间溶孔为主，基质溶孔次之；次生裂缝以构造缝为主，溶蚀缝次之。

储层最大孔隙度为19%，一般为2%~16%，平均为7%，渗透率最大为2mD，平均为0.06mD；测井解释孔隙度为5%~12%，平均孔隙度为8%，属于致密储层。

1.2 微观孔隙结构类型及特征

1.2.1 孔喉直径均值

孔喉直径均值是反映孔喉大小、量度孔隙体积与喉道体积的参数，表示全部孔隙平均孔喉大小的参数。

英台气田营二段火山碎屑岩储层孔喉直径均值在0.02~1.74μm之间、平均为0.366μm，与孔隙度和渗透率均呈正相关（图1），也反映出孔喉是决定储层储集性能和渗透性的重要因素。储层大孔粗喉，则流体渗流能力强，单井产能高，勘探开发潜力大；反之储层小孔细喉，则流体渗流能力差，单井产能低，勘探开发难度大。

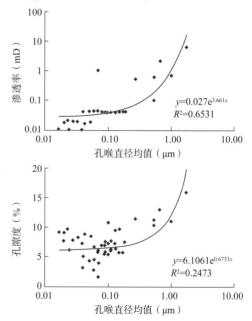

图1 英台气田营二段火山碎屑岩储层孔喉直径均值与孔隙度、渗透率关系图

1.2.2 分选系数

储层物性与孔喉分选系数呈正相关关系（图2），且渗透率与分选系数相关性好于孔隙度。分选系数与孔隙度之间以0.1的分选系数为界限分两种情况：分选系数小于0.1时与孔隙度呈负相关，分选系数大于0.1时与孔隙度呈正相关。研究区该层段储层孔喉分选系数变化较大，在0.01～4.97之间，平均为0.357。物性好的储层分选系数较大，物性差的储层分选系数较小。

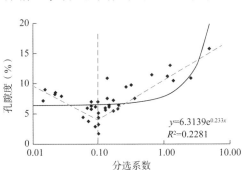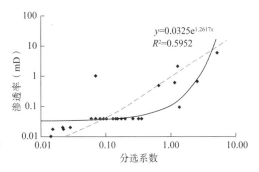

图2　英台气田营二段火山碎屑岩储层分选系数与孔隙度、渗透率的关系图

1.2.3 均质系数

均质系数是反映孔喉分选程度的参数，均质系数愈大，孔喉分布越均匀。

一般孔喉越大储层均质系数越大，孔喉分选性越好，分布越均匀，储层的渗透率越大。英台断陷营城组火山岩是以微细喉为主的储层，均质系数小，与渗透率呈正相关关系、与孔隙度呈负相关（图3），出现随均质系数增大孔隙度反而略为降低的趋势，这是火山碎屑岩与碎屑岩储层的不同之处。虽然均质系数增大可使孔喉分选性变好，但微孔喉偏细、连通性差，会引起对孔隙度无贡献的"盲孔"增多，从而表现为储层的有效孔隙空间降低。

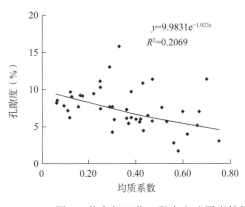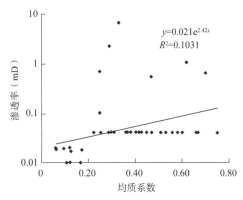

图3　英台气田营二段火山碎屑岩储层均质系数与孔隙度、渗透率的关系图

1.2.4 排驱压力

排驱压力表示非润湿相开始进入岩石孔隙的启动压力，即在岩石最大的连通孔隙喉道中建立起一个连续流动所需的最小压力。岩石渗透性好、孔隙半径大则排驱压力低，表明岩石物性好，反之岩石物性差。因此可以根据排驱压力大小评价岩石渗透性的好坏。营二段火山碎屑岩储层排驱压力与孔隙度和渗透率均呈指数负相关关系（图4），尤其与渗透率的相关性更好，即排驱压力对渗透率的敏感性较孔隙度更强。

1.2.5 孔喉结构系数

孔喉结构系数反映分选系数和孔喉连通程度。孔喉结构系数越大，说明孔隙的相对分选越好，孔隙尺寸之间的差异越小。该区储层孔喉结构系数为0.01～8.9，平均为0.8。孔喉结构系数与孔隙度和渗透率均呈正相关，渗透率越高孔喉结构系数越大，试气试采效果越好、岩石驱油效率越高(图5)。

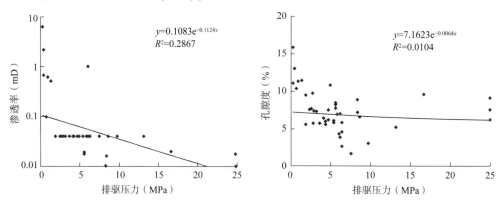

图 4　英台气田营二段火山岩储层排驱压力与孔隙度、渗透率的关系图

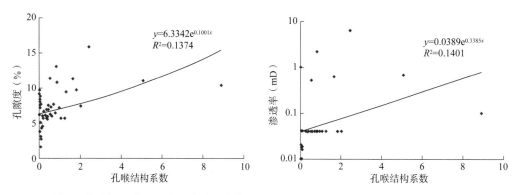

图 5　英台气田营二段火山岩碎屑岩储层孔喉结构系数与孔隙度、渗透率的关系图

1.2.6 退汞效率

退汞效率反映非润湿相毛细管效应采收率,是研究储层采收率的重要参数。退汞效率越大,岩石中孔隙和喉道的尺寸大小越均匀,储集性能越好,采收率越高。营二段火山岩储层 47 块样品退汞效率在 16.08% ~ 51.01% 之间、平均为 33.65%,与孔隙度和渗透率相关性都差。一般中—高孔渗储层退汞效率与孔隙度和渗透率均呈正相关关系,低孔渗—特低孔渗储层很难看出退汞效率与孔渗之间有较强的相关关系,说明低孔渗—特低孔渗储层影响退汞效率的因素较复杂,需进一步研究。对于低渗透储层,勘探阶段储层评价时多注重孔隙体积,其表征储层的储集能力。开发阶段储层评价应多注重喉道体积,其表征储量可动用部分。因此在进行储层微观孔隙结构分类时需把退汞效率考虑在内(图 6)。

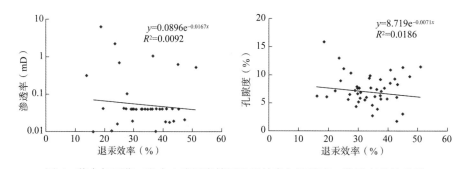

图 6　英台气田营二段火山碎屑岩储层退汞效率与孔隙度、渗透率的关系图

2 微观孔隙结构对气藏产能的制约

英台气田营二段I类储层共 14 块样品，取自 5 口井的火山碎屑岩，纵向上分布在 14 个小层，其中有 5 口探井的 10 个小层已经试气，试气层孔隙度区间为 6.0%～11.4%、渗透率区间为 0.04～0.61mD，产气强度区间为（0.4～10.83）×10³m³/m。其中龙深 305 井 273 号层试气效果最好，产气强度为 10.83×10³m³/m，龙深 306 井 241 号层试气效果最差，产气强度为 0.4×10³m³/m。

研究区试气分析表明：试气效果好的储层，分选系数、均质系数、孔喉直径均值和退汞效率都高，排驱压力和中值压力低。试气效果差的储层分选系数、均质系数、孔喉直径均值和退汞效率都低，排驱压力和中值压力高。

产气强度大于 1000m³/m 的层位有 4 个，其中两个孔喉半径与退汞量关系图表现为双峰，主峰位于大喉端、主次峰值相差不大，大喉半径占较高比例，且退汞量大于 2% 的峰值区对应孔喉范围宽，连续退汞，汞退出量大、产气强度高，分别对应龙深 305 井 273 号层、龙深 307 井 262 号层。以原生孔或次生孔为主，多发育在溢流相酸性熔岩、爆发相角砾岩或角砾熔岩中。

另外两个层位孔喉半径与退汞量关系图表现为单峰，主峰偏向小喉端，小孔喉占较高比例，但退汞量大于 2% 的峰值区对应孔喉范围较宽，也表现为连续退汞，汞退出量较大、产气强度较高，分别对应龙深 306 井 236 号层和 218 号层。以原生粒内缩小孔隙为主，多为爆发相凝灰岩或熔结凝灰岩。

产气强度小于 1000m³/m 的层位有 6 个，孔喉半径与退汞量关系图均表现为双峰，主峰位于大喉端、主次峰值相差悬殊，大喉半径占较低比例，大于 2% 退汞量的峰值区对应孔喉范围变窄，且峰间出现低值，汞连续退出受到扰动，产气强度低。以次生脱玻化微孔隙和晶间孔为主，多发育在火山沉积相凝灰岩类储层中。

两类储层对比分析表明：小孔喉的储层不一定是劣质储层，退汞量大于 2% 的峰值区间范围宽且表现为连续退汞，产气强度同样能达到大孔喉储层的产气效果。因此单纯的孔喉分布比例与产气强度之间没有直接的对应关系，需要从多个微观孔隙结构参数综合分析，才能对储层的产能作出综合判断。

3 结论

（1）相比常规致密砂岩储层，营二段火山碎屑岩储层的孔隙结构对渗透率和产能的影响更明显。

（2）试气效果好的储层分选系数、均质系数、孔喉直径均值和退汞效率都高，排驱压力和中值压力低。试气效果差的储层分选系数、均质系数、孔喉直径均值和退汞效率都低，排驱压力和中值压力高。

（3）单纯的某一项微观孔隙参数都不能作为储层产能的判断标准，需要根据研究区对储层敏感的微观参数进行综合判断。

参考文献

［1］ 侯启军，赵志魁，王立武．火山岩气藏—松辽盆地南部大型火山岩气藏勘探理论与实践［M］．北京：科学出版社，2009．

［2］ 赵志魁，张金亮，赵占银，等．松辽盆地南部坳陷湖盆沉积相和储层研究［M］．北京：石油工业出版社，2009．

［3］ 王行信．砂岩储层粘土矿物与油层保护［M］．北京：地质出版社，1992．

［4］ 蒙启安，门广田，赵洪文，等．松辽盆地中生界火山岩储层特征及对气藏的控制作用［J］．石油与天然气地质，2002，23（3）：285-288．

［5］ 王璞珺，陈树民，刘万洙，等．松辽盆地火山岩相与火山岩储层的关系［J］．石油与天然气地质，2003，24（1）：18-23．

［6］ 吴颜雄，王璞珺，边伟华，等．松辽盆地深层火山岩储集性能［J］．石油与天然气地质，2012，33（2）：236-247．

顶气边水油藏考虑油气界面稳定下的
采油速度研究

岳宝林

中海石油(中国)有限公司天津分公司，天津300459

摘　要：锦州 X 油藏是一个以带大气顶、窄油环、强边水为典型特征的砂岩油藏，天然能量、高采油速度开发后，暴露出气窜迹象。以几何相似、物性相似、生产动态相似为原则，对目标油藏原型进行剖面模型化，通过可视化三维物理模拟实验装置开展不同采油速度开发模拟，发现在实际的开采过程中，相对小的采油速度可以更加合理地控制油气界面的运移。在此基础上，以物质平衡方程与气体状态方程为基础，建立气驱储量采油速度计算模型，通过地层压力监测可实现气驱储量采油速度跟踪。矿场实践表明，气驱储量初期以 3% 的采油速度开发，可以更加合理地控制油气界面的运移，防止气窜通道的过早形成，使油藏开发初期稳产不气窜，取得较好的开发效果。

关键词：气顶边水；油气界面；室内实验；气窜；采油速度

Study on Oil Recovery Rate of Top Gas and Edge Water Reservoir
Considering Oil-gas Interface Stability

Yue Baolin

CNOOC China Limited，Tianjin Branch，Tianjin 300459，China

Abstract：JZ-X reservoir is a typical sandstone reservoir with atmospheric cap, narrow oil ring and strong edge water. After development with high natural energy and high oil recovery rate, gas channeling is exposed. Based on the principle of geometric similarity, physical property similarity and production performance similarity, the target reservoir prototype is modeled by profile. The development simulation of different oil recovery rates is carried out through the visual three-dimensional physical simulation experimental device. It is found that in the actual production process, the relatively small oil recovery rate can more reasonably control the migration of oil-gas interface. On this basis, based on the material balance equation and gas state equation, the calculation model of oil recovery rate of gas drive reserves is established, and the oil recovery rate of gas drive reserves can be tracked through formation pressure monitoring. The field practice shows that the 3% oil recovery rate in the initial stage of gas drive reserves can control the migration of oil-gas interface more reasonably, prevent the premature formation of gas channeling channel, make the stable production without gas channeling in the initial stage of reservoir development, and achieve better development effect.

Key words：gas cap edge water; oil and gas interface; indoor experiment; gas channeling; oil recovery rate

基金项目：国家重大科技专项课题"渤海油田加密调整及提高采收率油藏工程技术示范"（2016ZX05058001）。

第一作者简介：岳宝林，1986 年生，男，硕士，工程师，主要从事油气田开发工作。邮箱：282565118@qq.com

气顶油环油藏作为一种特殊类型，其渗流机理较常规油藏更为复杂，气顶与边水系统在成藏过程中已形成动力学平衡；在开发过程中，伴随着油环区投入开采，其地层压力下降，气顶气与边底水向井底推进，过早的气窜与水窜均对生产过程产生不利影响[1-3]。海上油田伴随着水平井的广泛应用，以平行于油气水界面的方式部署水平井开发此类油藏取得了较好的效果[4-6]。合理的水平井垂向位置设计与采油速度设计，气顶与边水形成均衡驱替以延迟气顶与边水的突进，优化开发效果[7-9]。目前，对合理采油速度的认识以数值模拟方法为主[10-14]。该方法对气顶油环油藏的开发有一定的指导意义，但模拟结果与矿场实践仍然存在较大的差别[14-18]。如数值模拟中油气与油水界面推进都比较稳定，而实际生产跟踪中有明显沿高渗条带气水舌进造成快速气窜与水窜的现象[19]。

本文以典型气顶窄油环油藏锦州 X 油田为研究对象，应用填砂建立三维可视化物理模型，开展天然能量开发模拟实验，研究气顶、边底水推进特征，应用油藏工程方法[20]完成气驱动用储量采油速度计算，研究不同采油速度对气顶油环油藏开发效果的影响，从而为油田开发提供指导。

1 物理模拟实验

1.1 实验目的和方案设计

采油速度是影响开发状况最为关键的一个开采参数。锦州 X 油田因为物性高、流体性质好，初期放产天然能量开发折算年采油速度一度超过 5%，高产的同时，油田开始面临气窜的风险。针对海上此类油田的开发，一方面需要少井高产来满足经济效益；另一方面对产能也应该适当优化以满足长远开发效果。为实现采油速度的优化，设置了两组室内物理模拟实验，如图 1 所示，进行不同初始采油速度条件下的对比实验，方案如下。

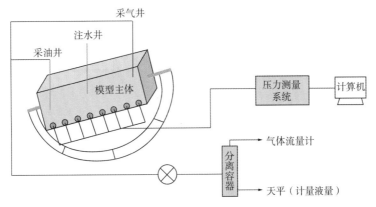

图 1　物理模拟实验流程图

方案一：以恒定采油速度（5%）进行生产，模拟天然能量开发。当采收率达到一定程度时，放大生产压差模拟更换举升方式实现提液过程，随时间记录生产特征。

方案二：以恒定采油速度（3%）进行生产，模拟天然能量开发。当采收率达到一定程度时，放大生产压差模拟更换举升方式实现提液过程，随时间记录生产特征。

两个方案在其他实验条件设备相同的基础上，进行了不同的初始采油速度实验，保证了各实验方案的对比性。

1.2 实验流程

实验中用 80 目的玻璃珠充填三维模型模拟实际地层(图 2)，设计地层倾角为 15°。通过一维填砂管模型，测得通过 80 目玻璃珠充填的地层，其孔隙度约为 0.3，渗透率约为 2.0mD。

两组实验设置条件相同，首先是进行饱和水，以造边水条件；之后进行饱和油，油环的厚度同样为 10cm；最后，进行注氮气，当气顶压力达到 220kPa 时停止注气。等到油气水全部分层后，开始进行驱替实验。

图 2　填砂后的模型图

1.3 结果与讨论

由于气体黏度较小，同时由于油气密度差异较大，油气界面并不是均匀向下运移，气侵时指进现象较为严重，气体趋向于从上部向油井方向突进，从而导致油气界面形态发生变化，变化后的油气界面如图 3 所示。伴随着采油速度的增高，油气界面的稳定性越差，生产指标也存在较大差异。

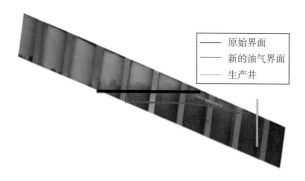

图 3　气驱油过程中油气界面实际运移图

1.3.1 生产压差

图 4 是两组方案的压力随时间变化曲线，两组方案的气顶压力一开始都为 230kPa，方案二的生产压差为 17kPa，而方案一的生产压差要大 6kPa。在调整生产压差后，两组方案的气顶压力都降低为 190kPa，生产压差也一直调整为 40kPa。

总的来说，这两组方案的气顶压力设置条件一致，唯一不同的就是前期的初始生产压差不同，而调整之后的生产压差也相同。

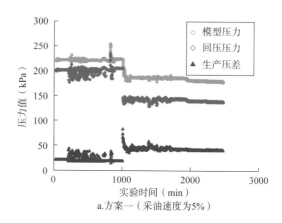

a.方案一（采油速度为5%）

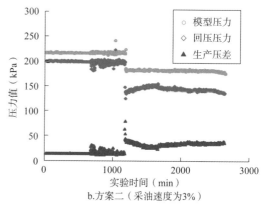

b.方案二（采油速度为3%）

图 4　各方案压力随时间变化曲线图

1.3.2 采油速度

图 5 是两组方案记录采油速度随时间的变化曲线。方案一的初始采油速率大致为 2.8mL/min（采油速度为 5%），方案二的初始采油速率为 1.78mL/min（采油速度为 3%）。从动态数据可以看出，方案一由于初始采油速率较大，导致其稳产阶段较短，气窜时间早。当生产压差同样增大到 40kPa 时，方案二采油速度的增幅大于方案一。之后，伴随着气窜的加剧，采油速度急剧减小。两组方案对比来看，由于方案二的初始生产压差较小，导致其开始的油气界面推移比较均衡，形成的气窜通道较小，采油

速度递减率要缓于方案一。

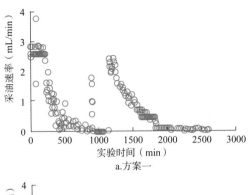

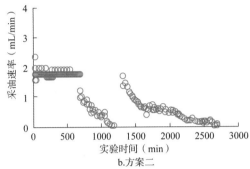

图5　各方案采油速率随时间的变化曲线图

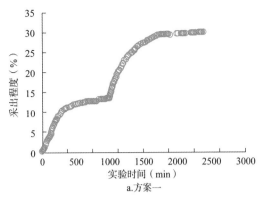

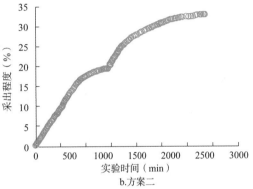

图6　各方案采出程度随时间的变化曲线图

1.3.3　采出程度

　　方案一最终的采出程度为31.08%，方案二的最终采出程度为33.42%。由于方案二的见气时间较晚，其无气采油阶段的时间较长。以放大生产压差提液的时刻为界限，调整之前的方案一采出程度为13.63%，方案二的采出程度为19.41%，两者相差5.78%，其主要区别就是在于无气采油时间。在放大生产压差之后，方案一的采出程度提高了16.69%，方案二的采出程度提高了13.81%。方案一在调整压差之前的气脊波及范围较小，当增大到同样的生产压差之后，其气脊波及范围的增大幅度要大于方案二，以至于后一阶段的采出程度的增幅大于方案一(图6)。

1.3.4　累计产气量

　　两个方案最终的累计产气量基本相同。方案二由于生产时间较长，导致了累计产气稍微大一点(图7)。同时，两者累计产气上升特征基本相同。

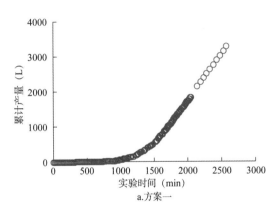

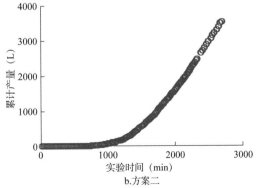

图7　各方案累产气随时间的变化曲线图

通过对比不同采油速度的实验发现，当采油速度为3%时，其开采效果要优于采油速度为5%时。当采油速度更小时，见气时刻相对更晚，3%采油速度的无气采油阶段的时间更长。见气之后进行调整生产压差，5%的采油速度后期的增幅较大，后期提液措施对开发效果有所优化。但总体来说，5%采油速度的最终采出程度为30.18%，3%采油速度的最终采出程度为33.14%。所以，在实际的开采过程中，应该结合实际矿场情况，以相对小的采油速度进行生产，这样可以更加合理地控制油气界面的运移。

2 顶气边水双驱动下的采油速度计算

锦州 X 油田以平行于油气水界面的方式部署水平井开发，当前水平段部署于油柱高度的下 1/2 至下 1/3 处（图 8），受气、水两相驱替，在上下部分原油不发生大幅度窜流的情况下，可以认为水平段上部储量为气驱动用，下部储量为水驱动用。

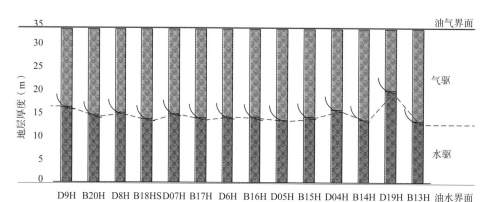

图 8　锦州 X 油田 3 井区水平井垂直位置示意图

受顶气、边水能量的不同及气驱、水驱驱油效果差异的影响，油井生产、气驱动用储量与水驱动用储量的采油速度存在差异。在物模实验中，验证了低采油速度可以提高气驱储量采收率。而在矿场应用中，如何根据动态数据实现气驱储量部分的采油速度计算有待研究。该类油田气顶和油区是一个统一的水动力系统，开发前处于压力平衡状态，伴随着开发的进行，气顶与油区产生压降，气顶体积膨胀，油气界面产生下移，以物质平衡方程与气体状态方程为基础，推导气体侵入油环体积为：

$$V_{GO} = V_G \left(\frac{N_{Gi} B_{Gi}}{N_G B_G} - 1 \right) = V_G \left[\frac{N_G - (N_{PG} - N_{PO} R_s) \dfrac{p}{p_i}}{N_G} - 1 \right] \tag{1}$$

式中　V_{GO}——气体侵入油环体积，m^3；

V_G——发现原始状态下气顶体积，m^3；

N_G——原始状态下气顶气储量，m^3；

N_{Gi}——某阶段气顶气储量，m^3；

B_G——原始状态下气顶气体积系数；

B_{Gi}——某阶段气顶气体积系数；

N_{PG}——某阶段累计产气量，m^3；

N_{PO}——某阶段累计产油量，m^3；

R_s——溶解气油比，m^3/m^3；

p——原始状态地层压力，MPa；

p_i——某阶段地层压力，MPa。

地层中气体膨胀体积去除采出气和析出溶解气的影响，计算得到的气体侵入油环体积。基于物质平衡考虑，占据的体积等于气驱出的原油体积。结合束缚水膨胀及岩石压缩排出流体体积，可以得到气驱动用储量采出程度，即：

$$E_R = \frac{V_{GO}}{N_o B_o} + \left(\frac{C_w S_{wc} + C_f}{1 - S_{wc}} \right) \Delta p \tag{2}$$

式中　E_R——气驱动用储量采出程度，%；

N_o——原始状态下原油储量，m^3；

B_o——原始状态下原油体积系数；

C_w——水体的压缩系数，MPa^{-1}；

S_{wc}——束缚水饱和度；

C_f——岩石的压缩系数，MPa^{-1}；

Δp——油藏的地层压降，MPa。

i 年采油速度 v_{oi}，可跟踪地层压力，应用公式(2)计算得到，即：

$$v_{oi} = E_{Ri+1} - E_{Ri} \qquad (3)$$

式中 E_{Ri}——i 年时气驱动用储量采出程度，%。

顶气边水油藏受气驱、水驱双向影响，油田的采油速度不等于气驱储量的采油速度，应用公式(3)可实现气驱储量采油速度跟踪。在开采过程中，初期对气驱储量以 3% 采油速度进行生产，这样可以更加合理地控制气油界面的运移，防止气窜通道的过早形成，同时密切跟踪油藏气油比，通过气油比的反应调整采油速度，以期达到较好的开发效果。

3 矿场应用

锦州 X 油田 3 井区气顶、边水能量充足，属于典型的大气顶强边水油藏。该油藏含油气层系为沙河街组二段，储层埋深为 1650m，为辫状河三角洲前缘亚相沉积。渗透率为 285mD、孔隙度为 31.6%、原始含油饱和度为 0.67、束缚水饱和度为 0.33、油藏温度为 68℃、油藏压力为 16MPa、油层宽度为 700m、原油黏度为 3mPa·s、油层厚度为 10m、隔夹层厚度为 3m、水平段位于油环下 1/3 处、水平段长度为 400m、油层倾角为 15°。油田投产以后，油田初期放产采油速度高达 6.3%，投产 4 个月后，气油比由 80m³/m³ 上升到 121m³/m³，表现出较强的气窜特征。结合物理模拟实验，出于稳定油气界面的考虑，建议把气驱储量采油速度控制在 3% 左右。由于该油田受气驱、边水双重影响，应用公式(3)，跟踪地层压力变化，计算得到气驱储量采油速度(表1)。

表 1 JZ-X 油田气驱储量采油速度计算表

月份	月产油量(m^3)	月产气量(10^4m^3)	地层压力(MPa)	气油比(m^3/m^3)	油田采油速度(%)	气驱储量采油速度(%)
1	46530	326	16.331	80	6.31	4.77
2	42395	297	16.292	80	5.75	4.80
3	37436	262	16.253	111	5.92	4.82
4	31313	219	16.214	121	6.37	4.84
5	26772	213	16.175	94	4.84	3.07
6	26829	297	16.136	99	4.85	2.38
7	18605	224	16.097	110	4.20	3.01
8	24424	229	16.058	98	5.52	2.98
9	20798	207	16.019	105	4.70	3.18
10	19585	215	15.98	114	4.43	3.13
11	19511	191	15.941	105	4.41	3.35
12	20320	268	15.902	120	4.59	2.71
13	18283	260	15.863	106	4.13	2.79
14	18334	240	15.824	104	4.14	2.98
15	16807	253	15.785	101	3.80	2.88

续表

月份	月产油量（m³）	月产气量（10⁴m³）	地层压力（MPa）	气油比（m³/m³）	油田采油速度（%）	气驱储量采油速度（%）
16	15913	210	15.746	88	3.60	3.26
17	15889	207	15.707	75	3.59	3.31
18	15589	197	15.668	83	3.52	3.41

3.1 调整前

如图 9 所示，前 4 个月油田采油速度平均为 6.1%，跟踪压力变化，计算得到气驱储量采油速度为 4.8%。由于油田出于避气目的，水平井部署于油环下 1/3 处，初期边水能量驱油占更大比例，气驱储量采油速度要低于油田采油速度。但由于采油速度较高，仍出现了气窜发生的迹象，气油比由 80m³/m³ 上升到 121m³/m³。出于稳定油气界面，遏制气油比上升趋势的目的，对油田整体进行了缩油嘴操作，控制油田采油速度。

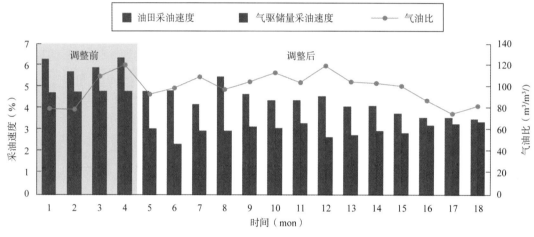

图 9　锦州 X 油田 3 井区生产动态图

3.2 调整后

油田采油速度控制到 4.8%，跟踪压力变化，计算得到气驱储量采油速度为 3.1%。维持该采油速度生产后，气油比初期稳定在 106m³/m³，后期逐步下降，表明采油速度的控制起到了明显稳定油气界面的效果。初期水驱储量发挥主要作用，气驱储量采油速度小于油田采油速度，伴随着生产的进行，气驱储量采油速度与油田采油速度的差距逐渐变小，表明随着压力的降低，气顶的膨胀，气驱油开始发挥更大的作用。投产 18 个月后，油田采油速度为 3.5%，气驱储量采油速度为 3.4%，气油比控制到 83m³/m³。表明虽然气顶不断膨胀，油气界面不断推移，通过控制采油速度较好地维持了油气界面的稳定，控制了气窜，取得了较好的开发效果。

4 结论

（1）应用填砂建立三维可视化物理模型，通过对比不同采油速度的实验，发现当采油速度为 3% 时，其开采效果要优于采油速度（5%）。在实际的开采过程中，应该结合实际矿场情况，以相对小的采油速度进行生产，这样可以更加合理地控制油气界面的运移。

（2）顶气边水油藏受气驱、水驱双向影响，油田的采油速度不等于气驱储量的采油速度，以物质平衡方程与气体状态方程为基础，建立气驱储量采油速度计算模型，通过地层压力监测可实现气驱储量采油速度跟踪。

（3）矿场实践表明，气驱储量开发初期以3%的采油速度动用，可以更加合理地控制油气界面的运移，防止气窜通道的过早形成，并通过密切监测气油比，根据气油比的反应调整采油速度，使油藏开发初期稳产不气窜，以取得更好的开发效果。

参考文献

[1] 曾明，周琦，冷风，等．气顶砂岩油藏油气界面移动状况判断[J]．江汉石油学院学报，2004，26(2)：60-66.

[2] 张安刚，范子菲，宋珩，等．气顶油藏油气界面稳定条件研究[J]．地质科技情报，2016，35(1)：114-118.

[3] 曹海丽，张祥忠，陈礼．小油环大气顶油藏高效开发及稳产策略[J]．特种油气藏，2016，23(3)：97-101.

[4] Razak E A, Chan K S, Darman N. Risk of losing oil reserve by gas-cap gas production in Malaysian thin oil rim reservoirs[C]. Internation Oil&Gas Conference and Exhibiton, Beijing, 2010, SPE-132070-MS.

[5] 张安刚，范子菲，宋珩，等．计算凝析气顶油藏油气界面移动距离的新方法[J]．油气地质与采收率，2015，22(1)：102-105.

[6] 张安刚，范子菲，宋珩，等．凝析气顶油藏气顶油环协同开发方式下水侵量计算模型[J]．中南大学学报（自然科学版），2015，46(8)：3040-3045.

[7] 窦松江，冯小宁，李炼民．尼日尔G油田气顶油气藏开发策略研究[J]．非常规油气，2015，2(5)：34-37.

[8] 刘佳，程林松，范子菲，等．气顶油环协同开发下油气界面运移规律研究[J]．西南石油大学学报（自然科学版），2015，37(5)：99-105.

[9] Deboni W, Field M B. Design of a waterflood adjacent to gas-oil contact[C]. Fall meeting of the Society of Petroleum Engineers of AIME, Houston. 1974：6-9.

[10] Liu J, Cheng L S, Fan ZF, et al. Experimental studies on oil and gas coordinated developemtn mechanism of oil rim reservoirs[J]. Journal of Southwest Petroleum university（Science&Technology Edition），2015，37(5)：99-105.

[11] 伍友佳．辽河双台子油气藏气顶驱开采特征及气窜模式[J]．天然气工业，2000，20(6)：76-79.

[12] 王彬，朱玉凤．气顶油气田气顶气窜研究[J]．天然气工业，2000，20(3)：79-82.

[13] Bayley-Haynes E, Shen E. Thin oil rim development in the amherstia/immortelle fields, offshore Trinidad[C]. SPE81088, 2003.

[14] Vo D T, Marsh E L, Sienkiewics L J, et al. Guld of mexico horizontal well improves attic-oil recovery in active waterdrive reservoir[C]. SPE 35437, 1997.

[15] Deboni W, Field M B. Design of a waterflood adjacent to gas-oil contact[C]. Fall meeting of the Society of Petroleum Engineers of AIME, Houston. 1974：6-9.

[16] Kabir C S, Agamini M, Holguin R A. Production strategy for thin - oil columns in saturated resevoirs[C]. SPE 89755, 2004.

[17] Razak E A, Keng S C, Darman N B. Breaking oil recovery limit in Malaysian thin oil rim reservoirs：Enhanced oil recovery by gas and water injection[C]. SPE 143736, 2011.

[18] 蒋明，赫恩杰，肖伟．气顶边水油藏开发策略研究与实践[J]．石油钻采工艺，2011，33(5)：68-71.

[19] 余忠，赵会杰，李卫京，等．正确选择气顶油藏高效开发模式[J]．石油勘探与开发，2003，30(2)：70-72.

[20] 范军．天然气压缩系数实用计算模式[J]．钻采工艺，1991，14(4)：50-54.

我国废弃煤矿改建地下储气库的
可行性及潜力分析

朱华银[1,2]，武志德[1,2]，张　敏[1,2]，孟　芳[1,2]

1. 中国石油勘探开发研究院地下储库研究中心，北京100083；

2. 中国石油天然气集团公司油气地下储库工程重点实验室，北京100083

摘　要：地下储气库是天然气调峰和保障安全供气的重要设施。我国中东部地区库址资源稀缺，废弃的采煤地下空间充足，可开展废弃煤矿型地下储气库建设作为补充。分析了全部垮落采煤法、煤柱支撑采煤法、充填采煤法3种我国煤矿开采形成的地下空间特点后，提出可利用房柱式煤矿采空区建设地下储气库。在建立废弃煤矿储气库的库址筛选原则基础上，分析了废弃煤矿中气体赋存特点，提出了运行和库容分析方法。最后调研了我国各省房式采空区空间，认为我国具有废弃煤矿改建储气库的潜力。

关键词：地下储气库；废弃煤矿；建库技术；潜力分析

Feasibility and Potential Analysis of Rebuilding Underground Gas Storage from Abandoned Coal Mines in China

Zhu Huayin[1,2], Wu Zhide[1,2], Zhang Min[1,2], Meng Fang[1,2]

1 PetroChina Research Institute of Petroleum Exploration & Development, Beijing 100083, China;
2 Key Laboratory of Oil and Gas Underground Storage Project of China National Petroleum Corporation,
Beijing 100083, China

Abstract：Underground gas storage is an important facility for natural gas peak regulation and safe gas supply. In the middle and eastern regions of China, there is a scarcity of storage site resources and sufficient abandoned underground coal mining space, which can be supplemented by the construction of abandoned coal underground gas storage. After analyzing the characteristics of three kinds of underground space formed by coal mining in China, it is put forward that underground gas storage can be built in the mined-out area of house-pillar coal mine. Based on the site selection principle of abandoned coal mine gas storage, the characteristics of gas occurrence in abandoned coal mine are analyzed, and the operation and storage capacity analysis methods are put forward. Finally, the space of house-type goaf in each province of China is investigated and it is concluded that China has the potential of reconstructing gas storage from abandoned coal mines.

Key words：underground gas storage；abandoned coal mine；construction technology；potential analysis

基金项目：中国石油天然气股份有限公司直属院所基础研究和战略储备技术研究基金项目"废弃煤矿改建地下储气库技术研究"（2019D-500811）。

第一作者简介：朱华银，1967年生，男，博士，高级工程师，现主要从事油气层物理、储层渗流机理及油气地下储库工程研究工作。

邮箱：zhy69@petrochina.com.cn

1 概述

随着我国国民经济的快速增长，社会对于天然气消费的需求越来越大，2016—2018 年，天然气消费量年均增速达到 16.7%，2018 年消费量突破 $2800 \times 10^8 m^3$。2019 年，天然气消费超过 $3000 \times 10^8 m^3$，对外依存度达到 43%，安全保供形势严峻。地下储气库是天然气调峰和保障安全供气的重要设施，在保障能源安全方面具有不可替代的作用。目前我国地下储气库工作气量约为 $130 \times 10^8 m^3$，占天然气消费量不足 5%，远低于国际 15% 的平均水平，因此急需开展大规模建设，大幅提升天然气调峰保供能力[1]。

天然气地下储气库可分为枯竭油气藏型、含水层型、盐穴型和废弃矿坑型 4 类[2-3]。受先天条件限制，我国缺少优质的大型建库资源，而且已建气藏型和盐穴型储气库主要分布于中国北方油气聚集区。环渤海、长三角及东南沿海等天然气主要消费地区主要的气藏及盐穴等建库资源稀缺，无法满足调峰保供要求，急需开辟新的建库领域[4]。我国

煤矿资源丰富，在全国主要的省区均有煤矿分布，尤其是自 2016 年我国启动煤炭化解过剩产能以来，各省关闭了大量煤矿。据中国工程院研究表明，2020 年废弃煤矿数量达 12000 处，2030 年将达 15000 处，如能利用部分废弃煤矿地下空间改建地下储气库，可快速提升调峰保供能力。

利用废弃煤矿改建地下储气库，在国外已有先例。如美国的科罗拉多州丹佛市的 Leyden 废弃煤矿储气库、比利时的 Anderlues 和 Peonnes 废弃煤矿储气库。Leyden 储气库的示意图如图 1 所示，其埋深 240~260m。建库初期，废弃的矿井都已水淹，为将其改造为储气库，使用抽水泵抽出 $39 \times 10^4 m^3$ 的水后对所有竖井进行密封处理。该储气库运行压力区间为 0.6~1.7MPa，总库容量为 $0.85 \times 10^8 m^3$。Anderlus 和 Peronnes 储气库位于比利时南部的 Hainaut 煤田，库容量分别为 $1.2 \times 10^8 m^3$ 和 $1.8 \times 10^8 m^3$。与 Leyden 矿不同，Peonnes 和 Anderlues 矿相对干燥，在生产过程中不需要抽水和脱水作业[5-7]。

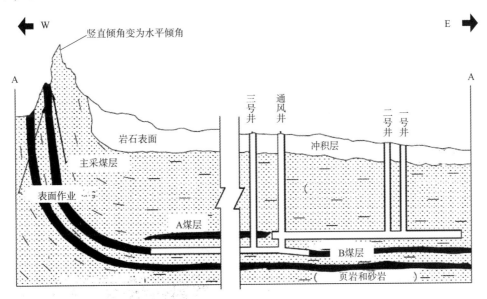

图 1　美国 Leyden 储气库示意图

本文结合国外建库经验及煤矿空间特点，开展我国废弃煤矿储气库的可行性论证，为国内开展相关研究工作提供借鉴。

2 国内外研究现状

国外学者很早就开展过利用废弃煤矿进行二氧

化碳封存和天然气储存方面的研究。Josef Chovanec 等[8]指出天然气或 CO_2 气体注入地下后会在岩体的裂缝中积聚或吸附于颗粒之间，置换出地层中的油、气、水，应选择高孔隙度和高渗透率的储层。德国学者 Andreas Busch[9] 等认为，了解气体的传播规律对于预测邻近矿井或断层的气流走向至关重要。分析了 CO_2 泄漏到地表的途径，评估了矿井储存气体的能力。Romanov 等[10] 提出了 CO_2 在煤炭上的吸附量是 CH_4 的两倍，向废弃煤矿大量注入 CO_2 可以使 CH_4 解析出来。Du Qiuhao 等[11] 论证了深部煤柱中的采气会引起煤基质的膨胀效应，改变煤柱的体积和渗透率，使煤体的弹性模量、泊松比等基本力学性质发生变化，最终导致矿柱强度有所降低。相对而言，国外开展的工作较国内多，但大部分也仅仅是针对 CO_2 封存。

目前国内对于废弃煤矿改建储气库方面研究基本为空白，但随着国家煤矿去产能和提倡新能源发展等政策，已有众多学者开展废弃的地下空间利用研究工作。谢和平等[12]学者开展了利用废弃煤矿进行 CO_2 地质封存的研究工作。实际上 CO_2 地质封存与废弃煤矿型储气库相比，有部分技术是相通的。何秋德[13]等开展了利用废弃煤矿进行压缩空气蓄能发电技术。储气库在选址、密封性、稳定性、注采模式评价方面都可以借鉴该模式的技术。杜春志[14]提出的煤层气抽采方法可用于废弃煤矿型储气库在生命周期结束时重新钻井回收垫层气，实现经济利润最大化。但实际上目前国内的研究多数为利用废弃的煤矿进行地下水库、蓄能发电、旅游开发等研究，还没有学者专门开展建设地下储气库的研究。

3 废弃煤矿改建储气库可行性分析

3.1 常见采煤法及形成的地下空间

我国常见的采煤方法按采空区处理方式可分为 3 种：一是全部垮落采煤法，二是煤柱支撑采煤法，三是充填采煤法。全部垮落采煤法是把采空区

的支架撤出，使直接顶自行垮落或强制垮落（图2）。煤柱支撑法是通过留设一定量的房柱来支撑上覆岩层的方法（图3）。充填采煤法是煤层开采后用砂、石、矿渣、炉灰等充填材料充填采空区以支撑顶板和覆岩，减少下沉和垮落（图4），一般采空区充填率为 65%~95%。

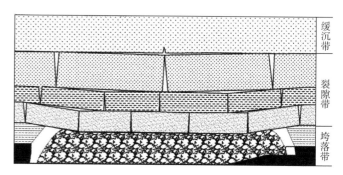

图 2　垮落式采煤法空间示意图

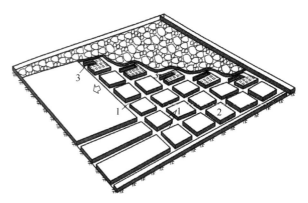

图 3　房柱式开采空间示意图
1—房；2—煤柱；3—采柱

图 4　充填采煤法空间示意图

对比 3 种开采方式形成的地下空间（表 1）：垮落法开采后形成的空间小，而且上部岩体结构破损严重，可利用性差；充填法开采后的空间已经被充填物充满，不具备利用条件；房式开采后的空间相对较大，开采方式对上部岩体结构影响较小，可论证作为地下储气库的潜力。

表 1 不同类型储存空间建库评价表

储存空间类型	储存空间特点	可利用性
垮落法	结构复杂，可利用空间较小	差
房式	顶板稳定，空间充足，分布简单	好
充填法	充填率高，可利用空间小	无法利用

3.2 废弃煤矿储气库库址筛选原则

基于房柱式地下空间结构，综合考虑区位条件、煤层及构造条件、存储条件、稳定性条件、密封条件、水文条件、地面条件等多方面因素，建立了废弃煤矿改建储气库的具体库址筛选原则。

（1）区位条件：位于气源区、管线附近或靠近天然气主要消费区，储气库与输气干线及用户距离小于 200km 为宜。

（2）煤层及构造条件：煤层展布稳定，以水平煤层为主，构造简单，储气空间内避免出现影响密闭性的断层。

（3）存储条件：埋深大于 200m，以房式开采法形成空间为主，储气空间大于 $50×10^4m^3$。

（4）稳定性条件：房式采空区顶板保存较好，上部垮塌范围小，垮塌高度未对盖层产生影响，剩余矿柱稳定，地表无下沉或塌陷。

（5）密封条件：采空区上部分布发育稳定分布的盖层，盖层选择厚度大于 5m，渗透率小于 $1.0×10^{-3}mD$ 的纯泥岩或膏盐。

（6）水文条件：采空区内地下水分布简单，未明显水淹。

（7）地面条件：避开人口密集地区、大型工厂及建筑物、特殊区域等，留有一定扩展余地。

3.3 废弃煤矿储气库建库及运行方法

废弃煤矿型储气库的工作原理是利用煤矿开采后形成的房式空间及剩余煤柱的吸附能力储气（图 5）。综合国外废弃煤矿储气库经验，废弃煤矿储气库建设和运行一般为 4 个阶段：

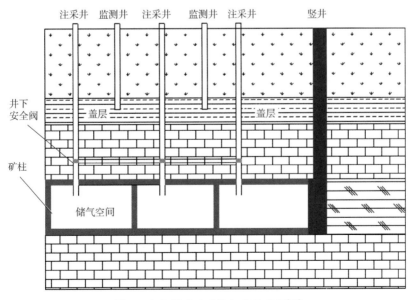

图 5 废弃煤矿改建储气库示意图[15]

（1）首先论证盖层及煤矿周边断层密封性和稳定性，同时摸清地下储气空间的形态和大小。

（2）在确保储气库密封的前提下，将废弃矿井内的残留矿井水抽干，然后将废弃的竖井和斜井全部密封。要保证含水层密封，地下水与储气库隔断，否则矿井内将长期大量积水。

（3）竖井和斜井密封后，在废弃煤矿采空区上方钻一定数量的注采井，同时在盖层上方钻入监测井，进行试注气，观察有无天然气渗漏现象。

（4）若试注后，天然气无泄漏现象，可开始正式运行。在运行中需做好盖层密封、井筒密封、竖井密封、地下水位的定期监测，保障储气库的安全性。

3.4 废弃煤矿型储气库库容计算

天然气在废弃煤矿储气库中有 3 种存在形式（图6）：一是游离态，在开采后形成的房式空间内存在；二是吸附态，吸附在残留煤柱中；三是储存在煤层的微裂隙中。储气库库容计算公式如下。

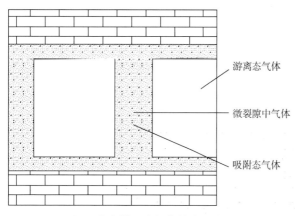

图6　废弃煤矿中气体储存形式图

$$V_库 = V_1 + V_2 + V_3 \tag{1}$$

式中　$V_库$——总的库容量，m^3；

　　　V_1——游离态气体量，m^3；

　　　V_2——吸附态气体量，m^3；

　　　V_3——储存在煤层微裂隙中的气体量，m^3。

但相比于前两种存在方式，储存在微裂隙中的气体量很小，可忽略不计。

游离态的天然气在采空区内自由流动，由于房式采空区为自由空间，其标准状态库容量V_1可由气体状态方程计算：

$$pV = ZnRT \tag{2}$$

$$V_1 = \frac{nZR\,T_1}{p_1} \tag{3}$$

式中　p——空间压力，MPa；

　　　V——空间体积，m^3；

　　　Z——压缩因子；

　　　n——气体摩尔数，kmol；

　　　R——通用气体常数，取 0.00831J/（mol·K）；

　　　T——空间温度，℃；

　　　V_1——游离态气体量（标准状态下），m^3；

　　　T_1——标准状态温度，℃；

　　　p_1——标准状态压力，MPa。

由于煤炭具有吸附性，大量的天然气可以吸附在采空区残留的煤柱、残煤表面上。若假设储气库内恒温，可采用 Langmuir 等温吸附方程计算吸附态气体量。

$$V_2 = \frac{q_m Kp}{\rho(1+Kp)} \tag{4}$$

式中　V_2——吸附态气体量，m^3；

　　　q_m——天然气在煤柱上的饱和吸附量，kg；

　　　K——Langmuir 吸附常数；

　　　p——气体压力，Pa；

　　　ρ——天然气密度，kg/m^3。

因此，总库容量为：

$$V_库 = V_1 + V_2 = \frac{nZR\,T_1}{p_1} + \frac{q_m Kp}{\rho(1+Kp)} \tag{5}$$

游离态与吸附态的天然气在废弃煤矿储存时处于动态平衡，吸附与解析同时进行。温度、水分、压力等自然条件的变化和施工造成的扰动都会破坏平衡关系。

相关研究表明：如果煤矿回采率较低，残留煤较多的情况下，吸附态的天然气量理论上远远高于游离态的天然气量。在美国 Leyden 储气库中（图7），当储气库平均工作压力为 1.14MPa 时，可吸附气体量理论上高达 $(0.85 \sim 1.2) \times 10^8 m^3$[7]。这种方式使得废弃煤矿型储气库的库存量大大增加，即可以在运行压力不高的情况下储存更多的气体。

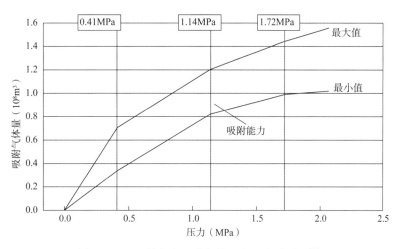

图 7　Leyden 储气库吸附气体量与压力关系图[7]

4 利用废弃煤矿改建储气库潜力分析

目前我国各省区（除西藏外）均有废弃煤矿分布，且我国小型矿井有部分采用房式开采。根据国家能源局于 2018 年 12 月 31 日发布的我国生产矿井统计清单，估计我国现存房式开采法的矿井 1341 个，房式采空区地下空间约为 $15\times10^8 m^3$，分布在 22 个省（自治区和直辖市）[16]。

房式采空区（图 8）主要集中在陕蒙晋地区、黑龙江省、川黔滇地区。3 个地区的房式采空区空间分别为 $5.9\times10^8 m^3$、$3.5\times10^8 m^3$、$1.9\times10^8 m^3$，共计 $11.3\times10^8 m^3$，占全国的 75%。参考美国 Leyden 废弃煤矿储气库相关参数，按照储气库上限压力 2MPa、下限压力 0.6MPa，估算出 3 个地区共计可储存约 $200\times10^8 m^3$ 天然气，具有将废弃煤矿改建为储气库的充足资源潜力。

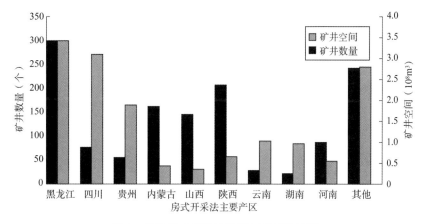

图 8　各省房式采煤法数量与产量统计图

5 结论

（1）我国天然气发展速度快，安全保供形势严峻，急需加快地下储气库的建设。废弃煤矿改建储气库是重要的建库形式。我国废弃煤矿地下空间庞大，可开展建设废弃煤矿型储气库相关研究。

（2）分析了 3 种我国煤矿开采形成的地下空间特点后，提出可利用房式煤矿采空区建设地下储气库。

（3）在建立废弃煤矿改建储气库库址筛选原则基础上，分析了废弃煤矿中气体赋存特点，提出了储气库运行和库容分析方法。

（4）我国房式采空区地下空间庞大，初步估计约 $15 \times 10^8 m^3$，主要集中在陕蒙晋地区、黑龙江省、川黔滇地区。估算 3 个地区共计可存储约 $200 \times 10^8 m^3$ 天然气，具有将废弃煤矿改建为储气库的充足资源潜力。

参考文献

[1] 马新华. 中国天然气地下储气库[M]. 北京：石油工业出版社，2018.

[2] 丁国生，张昱文. 盐穴地下储气库[M]. 北京：石油工业出版社，2010.

[3] 丁国生，王皆明，郑得文. 含水层地下储气库[M]. 北京：石油工业出版社，2014.

[4] 贾善坡，付晓飞，王建军. 孔隙型地下储气库圈闭完整性评价[M]. 北京：科学出版社，2020.

[5] Busch A，Krooss B，Kempka T，et al. Carbon Dioxide Storage in Abandoned Coal Mines[M]. Carbon dioxide sequestration in geological media—State of the science, 2009.

[6] Ray S, Dey K. Feasibility of CO_2 Sequestration as a Closure Option for Underground Coal Mine[J]. Journal of The Institution of Engineers (India): Series D, 2018, 99（1）：57-62.

[7] Dieudonné A C Cerfontaine B, Collin F, et al. Hydromechanical modelling of shaft sealing for CO_2 storage[J]. Engineering Geology, 2015, 193：97-105.

[8] Chovanec J. Reducing Carbon Dioxide Emissions by Underground Storage in an Abandoned Coal Mine-an Initial Study[J]. GeoScience Engineering, 2015, 59（1）：1-11.

[9] Busch A, Alles S, Krooss B M, et al. Effects of physical sorption and chemical reactions of CO_2 in shaly caprocks[J]. 2009, 1（1）：3229-3235.

[10] Romanov V N Ackman T E, Soong Y, et al. CO_2 storage in shallow underground and surface coal mines：challenges and opportunities. [J]. Environmental science & technology, 2009, 43（3）：561-4.

[11] Du Qiuhao, Liu Xiaoli, Wang Enzhi, et al. Strength Reduction of Coal Pillar after CO_2 Sequestration in Abandoned Coal Mines[J]. Minerals, 2017, 7（2）：26.

[12] 谢和平，熊伦，谢凌志，等. 中国 CO_2 地质封存及增强地热开采一体化的初步探讨[J]. 岩石力学与工程学报，2014，33（增刊1）：3077-3086.

[13] 何秋德，陈宁，罗萍嘉. 基于压缩空气蓄能技术的煤矿废弃巷道再利用研究[J]. 矿业研究与开发，2013，33（4）：37-39.

[14] 杜春志，茅献彪，王美芬. 我国煤层气抽采方法及在晋城矿区的应用[J]. 河北理工大学学报（自然科学版），2008（3）：16-20.

[15] 武志德，郑得文，李东旭，等. 我国利用废弃矿井建设地下储气库可行性研究及建议[J]. 煤炭经济研究，2019，39（5）：15-19.

[16] 谢和平，高明忠，刘见中，等. 煤矿地下空间容量估算及开发利用研究[J]. 煤炭学报，2018，43（6）：1487-1503.

盐穴储气库运行参数设计及稳定性评价研究

武志德[1,2]，刘冰冰[1,2]，李　康[1,2]，石　磊[1,2]

1 中国石油勘探开发研究院，北京100083；

2 中国石油天然气集团公司油气地下储库工程重点实验室，北京100083

摘　要：盐岩具有低渗透性和良好的蠕变特性，是天然气存储的理想介质。在对盐岩蠕变特性及理论分析的基础上，建立了盐穴储气库的稳定性综合评价准则，基于 Lemaitre 模型对中国某盐穴储气库盐岩的蠕变特性进行了分析，通过数值模拟方法计算了拟建盐穴储气库的上限运行压力为 14MPa，下限运行压力为 5MPa，注采速率应小于 1MPa/d。为了避免温度效应造成的拉应力，采气温度应高于 10℃。在极端循环下，储气库有可能发生破坏，建议尽量缩短极端运行时间。

关键词：盐岩；Lemaitre 模型；运行压力；采气速率

Study on Operation Parameter Design and Stability Evaluation of Salt Cavern Gas Storage

Wu Zhide[1,2], Liu Bingbing[1,2], Li Kang[1,2], Shi Lei[1,2]

1 PetroChina Research Institute of Petroleum Exploration & Development, Beijing 100083, China；

2 Key Laboratory of Oil and Gas Underground Storage Project of China National Petroleum Corporation, Beijing 100083, China

Abstract：Salt rock with low permeability and good creep characteristics is an ideal medium for natural gas storage. In gypsum creep properties and on the basis of theoretical analysis, the establishment of a salt cavity gas storage stability comprehensive evaluation criterion, model based on Lemaitre a salt cavity gas storage in China gypsum creep characteristics are analyzed, through numerical simulation method to calculate the proposed salt cavity gas storage limit operation pressure is 14MPa, the lower operation pressure of 5MPa, Injection-production rate should be less than 1MPa/d. In order to avoid tensile stress caused by temperature effect, the gas production temperature should be higher than 10℃. Under the extreme cycle, the gas storage may be damaged, so it is recommended to shorten the extreme operation time as much as possible.

Key words：salt rock creep；Lemaitre model；operating pressure；gas production rate

　　盐岩具有低渗透性、良好的密封特性及损伤自修复功能，能够保证储库地下硐室的密封性和长期稳定性。目前盐穴型地下储库已经成为石油、天然气地下存储及核废料地下封存的一种主要介质。目前中国已经在江苏金坛、湖北云应、河南平顶山、江苏淮安等地区在建或者拟建盐穴储气库用于天然

基金项目：国家重点研发计划项目"国家石油天然气国家储备库致灾机理和安全影响评价"（2017YFC0805801）。

第一作者简介：武志德，1982 年生，男，博士，高级工程师，主要研究方向为地下储气库岩石力学实验研究及安全性评价。

邮箱：wuzhide69@ petrochina. com. cn

气商业储备，满足储气库周边地区的天然气供应及季节性调峰需要[1-4]。

盐穴储气库在长期注采运行过程中，其运行工况、上下限压力的大小、采气速率和注采过程中温度的变化等因素对储气库的安全运营起到重要的影响。如果运行参数设置不合理，容易引起腔周岩体的垮塌、顶板的破坏、盐腔体积极度收缩、盐腔密封性失效、地表沉陷等现象，最终对盐腔的结构产生破坏性伤害，影响储气库的安全运营[5]。国内外许多学者针对盐穴储气库不同注采运行条件下的稳定性评价做了许多研究。赵艳杰等[6]结合淮安储气库现场地质资料基于压力梯度原则确定内压范围并模拟了注采循环过程中压力变化，通过静力分析和体积收缩率判据确定了淮安储气库某井运行内压为 12～26MPa。时文等[7]研究了梨形、近球形和圆锥形腔体在变化的运行压力下腔壁的应力和位移情况。纪文栋等[8]根据现场声呐探测信息建立了不同形状的储库模型，分析了不同的注采方式对盐腔体积收缩、塑性区和围岩位移的影响。赵新伟等[9]将系统完整性管理学中的风险评估和完整性评价引入到盐穴储气库的稳定性评价中，形成了注采气条件下的定量风险评估方法和溶腔、管柱一体化的寿命预测方法。

本文通过对盐岩的蠕变力学本构关系分析的基础上，建立了考虑热效应的盐腔稳定性综合评价准则，采用数值模拟软件确定了某盐穴储气库运行参数，研究了纯循环工况、一般运行工况和极端供气工况 3 种运行方式下储气库的应力状态和体积变形规律，并考虑了热应力对的围岩的损伤情况，对不同注采条件下盐腔的稳定性进行综合评价。

1 盐岩蠕变特性及其本构关系

目前国内外学者针对盐穴储气库蠕变特性开展了大量的研究工作，形成了各类理论模型。Yang、Aubertinn 等，Hunsche、Wawersik 等基于内变量理论研究了盐岩的瞬态蠕变特性；Chan 等[10]建立了一种描述盐岩蠕变和损伤断裂机制的耦合模型。

Szczepanik 等[11]通过声发射对盐岩蠕变过程损伤进行监测，研究了盐岩蠕变损伤演化机理。Munson 通过进行大量盐岩蠕变实验，建立了 M—D 盐岩蠕变本构模型，该模型能很好地处理和解释盐岩变形响应和"应力降"试验结果[12-16]。以弹黏塑性理论为基础，Cristescu 等[17]研究了盐岩变形过程中剪胀破坏，从理论上解释了盐岩的损伤过程。Hou 和 Lux[18-19]在基于 Lubby 模型的基础上建立了考虑盐岩的延性变形、错位、应变硬化和损伤修复的 Lubby2 盐岩本构模型，并在用于盐穴内核废料处置。Zhou 等[20]以分数阶微积分理论为基础，建立了用分数阶描述盐岩蠕变特性的本构模型。

盐岩的蠕变本构模型众多，不同国家学者往往根据各自国家盐岩的特性构建不同的本构模型，例如：法国的 Lemaitre 本构模型、德国 Lubby2 模型、美国的 M—D 模型，以及广泛通用的 Norton Power 幂指数模型等[21-23]。这些模型本身原理相同，不同之处在于考虑了各种机理作用。但大多数模型所需参数较多、运算复杂，较难投入使用，实际工程中的推广应用有很大的局限性。本次研究中选用的 Lemaître 本构模型，相对而言较为简洁实用，该模型将蠕变分为弹性应变和黏塑性应变，其中黏塑性应变是应力和温度的幂函数和指数函数。

Lemaîtreb 模型在其简化形式下，应力—应变关系可表示为：

$$\varepsilon_T = \varepsilon_E + \varepsilon_{VP} = \sigma/E + \varepsilon_{VP} \qquad (1)$$

式中　ε_T——总应变；

　　　ε_E——弹性应变；

　　　ε_{VP}——黏塑性应变；

　　　σ——应力差；

　　　E——杨氏模量。

与时间的关系可表示为：

$$\varepsilon_{VP}(t) = 10^{-6}\left\{\int_0^t \left(\frac{\sigma_{eq}t}{K}\right)^{\beta/\alpha} \exp\left[-\frac{Q}{R}\left(\frac{1}{T}-\frac{1}{T_r}\right)\right]\right\}$$

$$(2)$$

式中　α、β、K——Lemaître 参数，通过蠕变实验获得；

t——时间；

T——温度；

T_r——温度基准；

Q——材料激活能；

R——摩尔气体常量。

2 盐穴储气库稳定性判别准则

盐腔稳定性评价准则的判断常采用多种不同判定方法，目前国内外没有通用标准。本文在综合国内外的研究成果基础上，结合我国储气库的运行特征，确定了适合我国盐穴储气库的稳定性评价判据，并应用于储气库运行参数确定及安全性评价。

2.1 判据1：无拉应力判据

拉应力可能产生以下两种情况：盐穴受压过度或者在生产运行过程中天然气冷却的速度过快而造成热冲击。此外，如果盐穴顶部跨度过大，其顶部变形也有可能引起拉应力，在盐穴储气库设计腔壁不允许存在拉应力，确定拉应力判别准则：

$$\sigma_{tmax} \leqslant 0 \qquad (3)$$

式中 σ_{tmax}——腔周岩体的拉应力。

2.2 判据2：膨胀判据

岩石的体积膨胀是发生损伤的一个判据，而应力准则可以判断是否发生膨胀，在盐穴储气库中，盐岩不允许出现膨胀。本研究中使用两个膨胀判据：第一个表示为应力第一不变量和应力第二不变量之间的线性函数；第二个表示为 Tresca 应力（或称为应力差）。

损伤判据1：

$$\eta_1 = \frac{\sqrt{J_2}}{aI_1} < 1 \qquad (4)$$

$$I_1 = \sigma_1 + \sigma_2 + \sigma_3 \qquad (5)$$

$$\sqrt{J_2} = \left\{ \frac{1}{6} \left[(\sigma_1-\sigma_2)^2 + (\sigma_1-\sigma_3)^2 + (\sigma_2-\sigma_3)^2 \right] \right\}^{\frac{1}{2}} \qquad (6)$$

损伤判据2：

$$\eta_2 = \frac{\sigma_1 - \sigma_3}{b} < 1 \qquad (7)$$

式中 I_1——应力第一不变量；

$\sqrt{J_2}$——应力第二不变量；

σ_1——最大主应力；

σ_2——中主应力；

σ_3——最小主应力；

a、b——通过岩石力学实验拟合给定的常数。

2.3 判据3：蠕变应变判据

腔周盐岩的蠕变应变不能超过所给定的限值，一般情况规定盐岩的蠕变应变率不超过10%。

2.4 判据4：盐腔收缩性准则

受到盐岩蠕变的影响，在长期运行过程中，盐腔会发生收缩现象，对于不同深度的盐腔，有不同的体积收缩标准，通过参考国内外经验，确定标准见表1。

表1 盐腔体积收敛率表

盐腔埋深（m）	年平均体积收缩率（%）
<250	0.1
250~1000	0.5
1000~2000	1.0

3 储气库运行参数研究及稳定性评价

3.1 工程简介

为保证供气安全，满足季节性调峰，提高供气的可靠性，在国内某天然气管道工程中拟建立某盐穴储气库。

根据该区盐矿的地质资料，该地区含盐地层主要分布在地下600~930m 之间，最终可用建库层段为750~905m，拟建盐腔直径为80m，盐腔中部深度为850m，上覆地层压力为19MPa，平均地层温度为33℃。

3.2 参数及工况

3.2.1 计算参数

通过对该盐矿盐岩的抗压强度试验，获得了盐岩的基本力学参数(表2)。由于夹层较盐岩变形能力要小得多，且该地区夹层分布频度和厚度较小，本文在研究过程中，主要考虑盐岩蠕变对盐腔稳定性的影响，其余岩体进行简化考虑。通过对不同围压下盐岩的蠕变试验结果，与公式(1)进行参数拟合，得到所需的Lemaître模型参数，其中$\alpha = 4.75$，$\beta = 0.495$，$K = 1.2$，基准温度为25℃，Arrhénius系数为2500K。

图1为该盐岩典型的盐岩蠕变试验结果与理论研究对比，从图中可以看出，利用Lemaitre模型对盐岩蠕变实验曲线的拟合度非常高，说明Lemaitre模型可以用于该地区盐岩特性研究。

表2　盐岩试验数据结果表

岩性	密度 （kg/m³）	弹性模量 （GPa）	泊松比	单轴抗压强度 （MPa）	抗拉强度 （MPa）
盐岩	2.2	6.84	0.21	25.17	1.2

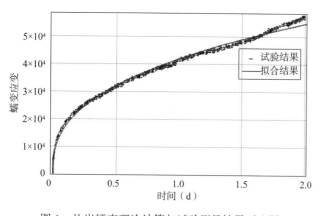

图1　盐岩蠕变理论计算与试验测量结果对比图

3.2.2 不同注采工况

盐穴储气库运行会受到管道供气、调峰需求等多种不确定因素影响，通常需采用不同的注采运行方式。根据该储气库所属地区的供气及用气情况，确定了以下3种不同的注采工况(图2)。

工况1：纯循环，即在90天内于最大和最小压力之间完成注气和采气；工况2：一般循环，即在最大和最小压力条件下运行，其间有一个月闲置；工况3：极端循环(应急供气)，即采用了高采出率，短时间内完成采空。

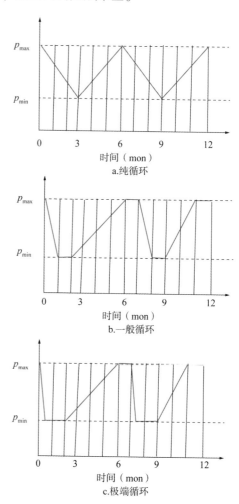

图2　不同循环下的运行过程图

3.3 运行参数研究

3.3.1 上限运行压力的确定

为了确定储气库的最大运行压力，采用不同运行压力(13MPa、14MPa、15MPa)进行3次计算。主要考察在注气完成后，腔内压力为最大时的受力情况。在计算中，径向应力和切向应力表示为距腔壁距离的函数(表示为盐腔半径的倍数)，按照常规压应力为负。根据判别准则1，为保证安全性，盐穴的上限运行压力要低于腔壁的切向应力，否则容易产生拉应力。

从图3中看出在15MPa条件下，由于内压较高，其切向应力也明显高盐穴压力1MPa，容易引起腔壁的破坏；在14MPa条件下，腔壁的切向应力比盐穴压力低0.6MPa；在13MPa条件下，切向应力较盐腔压力低2MPa，根据以上试算结果，参考判别准则1，将储气库的上限运行压力确定为14MPa，即可保证安全。

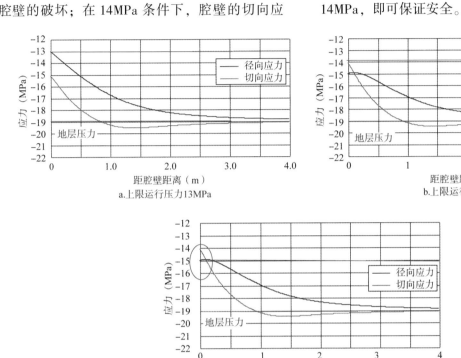

a.上限运行压力13MPa

b.上限运行压力14MPa

c.上限运行压力15MPa

图3 不同压力下应力与腔壁之间距离的关系图

3.3.2 下限运行压力的确定

根据国内外储气库的运行经验，盐穴储气库运营过程中不允许出现盐岩膨胀。当盐腔最小运行压力过低时，极容易引起腔周盐岩膨胀，对盐腔的结构产生破坏。为了评价储气库下限运行压力，采用不同的最小运行压力（3MPa、4MPa、5MPa）进行模拟。模拟完成首次采气完成后在下限压力时的情况。在每次模拟中，膨胀判据的变化都被表示为距腔壁距离（表示为盐腔半径的倍数）的函数（图4）。采用判别准则2对运行压力进行评估，损伤参数 η 不能大于1，根据盐穴周围膨胀损伤区的范围（表3），对于最小运行压力进行评估，最小运行压力越低，腔体损伤区的范围就越大。

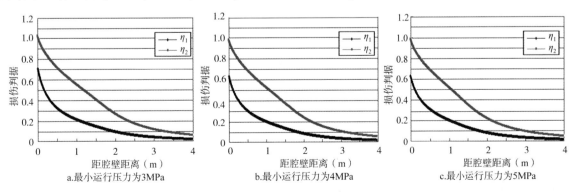

a.最小运行压力为3MPa

b.最小运行压力为4MPa

c.最小运行压力为5MPa

图4 不同运行压力下的损伤曲线图

表3　腔周损伤范围及参数表

最小运行压力	3MPa		4MPa		5MPa	
	η_1	η_2	η_1	η_2	η_1	η_2
腔壁处(m)	0.78	1.12	0.69	1.07	0.63	0.98
距离腔壁半径位置(m)	0.10	0.29	0.09	0.26	0.08	0.22
损伤区的范围(m)	0	4.9	0	2.7	0	0

从图4及表3可以看出，根据膨胀判据指数 η_1 预测没有任何盐层损伤，但 η_2 则指示出一段数米长的损伤区。对于后者而言，损伤区的范围随着最小盐穴压力的降低而增加，最小运行压力在3MPa和4MPa下，根据损伤判据2，损伤参数均大于1，损伤距离为4.9m和2.7m，在5MPa下损伤参数小于1，因此就盐层损伤判据而言，储气库的下限压力应不低于5MPa，可以保证围岩安全。

3.3.3 采气速率的确定

在采气过程中，如果采气速率过高可能引起腔壁出现拉应力，由于盐层的抗拉强度较低，应尽可能避免拉应力的产生。为了研究在极端运行条件下，采用高速率采气对腔体造成的影响，采用工况3，上、下限运行压力为14MPa和5MPa，分别对在极端条件下用时9天（1MPa/d）、7天（1.3MPa/d）、5天（1.8MPa/d）采空的两年循环的情况下进行模拟。由图5可以看出，在7天采空的第一个循环中并没有出现拉应力，在第二个循环开始出现了1.1MPa的拉应力；在5天采空的情况下，在第一个循环就开始出现拉应力；而9天采空的情况下，没有出现拉应力。参考判别准则1，为保证安全运行，应避免拉应力，在极端情况下，建议压降速率应在1MPa/d以下，同时根据工程经验，一般常规运营过程中，建议采气使用0.3~0.5MPa/d的压降速率。

3.3.4 采气过程中温度的影响

拉应力同盐的刚度和盐的线性热膨胀系数均成正比。在采气过程中，如果速率过快，往往会造成盐腔温度急剧降低，导致腔周出现拉应力。为了研究温度急剧下降对盐腔稳定性的影响，采用极端注采工况，对采气后温度分别为10℃、

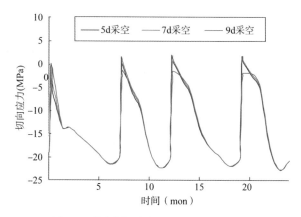

图5　不同采气速率下切向应力变化图

15℃、20℃情况下，盐腔稳定性进行模拟。从图6中可以看到，在9天采空的情况下，温度为15℃和20℃时，并没有出现拉应力，在10℃情况下出现了拉应力。说明在采气过程中必须控制温度变化，盐穴储气库采气温度应高于10℃。

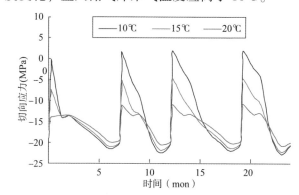

图6　不同采气温度下切向应力变化图

3.3.5 盐穴储气库运行稳定性评价

对上限运行压力为14MPa，下限运行压力为5MPa时3种注采工况下（图2）的盐穴储气库运行30年进行模拟，对盐穴体积的损失量进行评估。

从图7中可以看出，在注采运营30年后，在

一般循环和纯循环下，体积收敛率在 12% 左右，满足判别准则 4；而在极端循环下（采用 9 天内采空）的体积收敛率达到了 16%。根据判别准则 4，允许的最大收敛率为 15%，说明在极端运行条件下，压力的急剧变化有可能对盐腔造成损害。

图 8 给出了蠕变应变大小与腔壁距离的函数，从图中看到，在一般循环和纯循环条件下，腔壁处的蠕变应变在 8.5% 左右，而在极端循环条件下，盐岩的蠕变达到了 10.7%，超过了判别准则 3 关于蠕变应变的判据。因此储气库在运营过程中应尽量避免在极端条件下运行，如果必须运行，应尽量缩短运行时间。

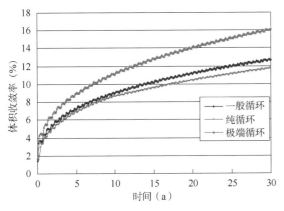

图 7　不同循环下盐腔体积收敛率图

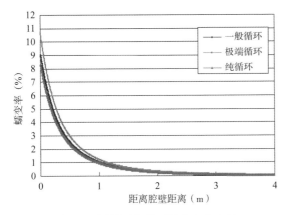

图 8　不同循环条件下蠕变率大小图

4 结论

（1）蠕变是盐岩一种典型的变形特征，通过试验测得的结果与理论模型具有很好的一致性，说明

Lemaitre 模型可以很好地描述盐岩的蠕变特征。

（2）建立了盐穴储库稳定性评价判据，通过计算确定了该盐穴储气库最大运行压力可以达 14MPa，最小运行压力为 5MPa，在纯循环和一般循环模式下，储气库是稳定的；在极端运营条件下，出现部分不稳定特征。建议在运营过程中，减少极端循环的次数和时间。

（3）对不同采气速率下盐腔的稳定性研究表明，在极端运营条件下，盐穴储气库采气速率应小于 1MPa/d，一般运营过程中保持在 0.3～0.5MPa 范围内，且在运营过程中应控制温度的变化。

（4）对 3 种不同注采工况研究表明，纯循环和一般循环下盐腔较为稳定，在极端循环下，储气库有可能发生破坏，建议尽量缩短极端运行时间。

参考文献

［1］　丁国生，魏欢．中国地下储气库建设 20 年回顾与展望［J］．油气储运，2020，39(1)：25-31.

［2］　雷鸿．中国地下储气库建设的机遇与挑战［J］．油气储运，2018，37(7)：728-733.

［3］　杨海军．中国盐穴储气库建设关键技术及挑战［J］．油气储运，2017，36(7)：747-753.

［4］　李建君，巴金红，刘春，等．金坛盐穴储气库现场问题及应对措施［J］．油气储运，2017，36(8)：982-986.

［5］　冉莉娜，郑得文，罗天宝，等．盐穴地下储气库的建设与运行特征［J］．油气储运，2019，38(7)：778-781.

［6］　赵艳杰，马纪伟，郑雅丽，等．淮安盐穴气库注采循环运行压力限值确定［J］．油气储运，2013，32(5)：526-531.

［7］　时文，申瑞臣，徐义，等．盐穴储气库运行压力对腔体稳定性的影响［J］．石油钻采工艺，2012，34(4)：89-92.

［8］　纪文栋，杨春和，屈丹安，等．盐穴地下储气库注采方案［J］．油气储运，2012，31(2)：121-124.

［9］　赵新伟，李丽锋，罗金恒，等．盐穴储气与注采系统完整性技术进展［J］．油气储运，2014，33

(4)：347-353.

[10] Chan K S, Munson D E, Bodner S R. Creep deformation and fracture in rock salt. Fracture of Rock[C]. Boston Southampton WIT Press, 1999.

[11] Szczepanik S D. Time-dependent acoustic emission studies on potash//Roegies D. Rock Mechanics as a Multidisciplinary Science[M]. Balkema, Rotterdam, 1991：471-479.

[12] Prates P A, OliveiraM C, Fernandes J V. On the equivalence between sets of parameters of the yield criterion and the isotropic and kinematic hardening laws[C]. International Journal of Material Forming, 2015：505-515.

[13] Aubertin M, Gill D E, Ladanyi B. Constitutive equations with internal state variables for the inelastic behavior of soft rocks[J]. Applied Mechanics Reviews, 1994, 47 (6-2)：97-101.

[14] Yun S S, Lee S B, Kim J B, et al. Generalization of Integration Methods for Complex Inelastic Constitutive Equations with State Variables[J]. Transactions of the Korean Society of Mechanical Engineers-A, 2000, 24 (4)：521-543.

[15] Chan K S, Bodner S R, Fossum A F, et al. A damage mechanics treatment of creep failure in rock salt [J]. International Journal of Damage Mechanics , 1996 (6)：121-152.

[16] Zhou H W, Wang C P, Han B B, et al. A creep constitutive model for salt rock based on fractional derivatives[J]. International Journal of Rock Mechanics

and Mining Sciences, 2011, 48(1)：116-121.

[17] Cristescu N D. Time-effects on the uniaxial compactionof powers[C]//In：Proc 6th Int. Symp. on Plasticity and ItsCurrent Application. Alaska：Neat Press Fulton, 1997：303-304.

[18] Hou Z, Lux K H. Ein neues Stoffmodell für duktile-Salzgesteine mit Einbeziehung von Gefügschädigung und tertiärem Kriechen auf der Grundlage derContinuum-Dama-Mechnik [J]. Geotechnik, 1998, 21 (3)：259-263.

[19] Lux K H, Hou Z. New developments in mechanical safety analysis of repositories in rock salt . Proc. Int. Conf. On Radioactive Waste Disposal, DisposalTechnologies & Concepts[C]. Berlin：Springer Verlag, 2000：281-286.

[20] Zhou H W, Wang C P, Han B B, et al. A creep constitutive model for solid rock based on fractional derivatives [J]. International Journal of Rock Mechanics and Mining Sciences, 2011, 48(1)：116-121.

[21] 吴斐，刘建锋，边宇，等. 盐岩的分数阶导数蠕变模型[J]. 工程科学与技术, 2014, 46(5)：22-27.

[22] Wawersik W R , Zeuch D H. Modeling and mechanistic interpretation of creep of rock salt below 200℃ [J]. Tectonophysics, 1986, 121(2-4)：125-152.

[23] Paraschiv-Munteanu I, Cristescu N D. Stress relaxation during creep of rocks around deep boreholes[J]. International Journal of Engineering Science, 2001, 39(7)：737-754.

吐哈温吉桑储气库岩石力学特性实验研究

石　磊[1,2]，孙军昌[1,2]，李　春[1,2]，孟　芳[1,2]，武志德[1,2]

1 中国石油勘探开发研究院，北京 100083；

2 中国石油天然气集团有限公司油气地下储库工程重点实验室，北京 100083

摘　要：气藏型储气库运行期间交变应力大、注采强度大、频率高，运行期间岩石物性参数将发生变化，影响储气库的储存、注采能力。针对吐哈油田温吉桑储气库各层位岩石开展单轴压缩和三轴压缩试验，研究其岩石变形与破坏规律。结果表明：温吉桑储气库盖层岩性较硬，渗透率低，强度高，力学性质及密封性较好。X1 储层砂岩强度低，孔隙度普遍较高，高围压下残余强度较高，峰值后变形方式为塑性流动，储气过程中有可能形成孔隙连通网络。X2 储层砂岩的埋藏较深，基础物性较差且具有强非均质性。强度高，始终表现为脆性破坏，峰值后变形能力较弱。弹性变形阶段具有较好的力学性质。

关键词：储气库；岩石力学试验；单轴压缩；三轴压缩

Experimental Study on Rock Mechanical Properties of Wenjisang Gas Storage，Tuha Oilfield

Shi Lei[1,2]，Sun Junchang[1,2]，Li Chun[1,2]，Meng Fang[1,2]，Wu Zhide[1,2]

1 PetroChina Research Institute of Petroleum Exploration & Development，Beijing 100083，China；
2 Key Laboratory of Oil and Gas Underground Storage Project of China National Petroleum Corporation，
Beijing 100083，China

Abstract：During the operation of gas reservoir type gas storage，the alternating stress，injection-production intensity and frequency are high，and the petrophysical parameters will change during the operation，which will affect the storage and injection-production capacity of gas storage. Uniaxial compression and triaxial compression tests were carried out to study the rock deformation and failure law of Wenjisang gas storage in Tuha Oilfield. The results show that the cover layer of Wenjisang gas storage has hard lithology，low permeability，high strength，good mechanical properties and sealing performance. X1 reservoir sandstone has low strength，high porosity and high residual strength under high confining pressure. The post-peak deformation mode is plastic flow，and pore connectivity network may be formed in the process of gas storage. X2 reservoir sandstone has deep burial，poor basic physical properties and strong heterogeneity. High strength，always brittle failure，weak deformation capacity after peak. The elastic deformation stage has good mechanical properties.

Key words：gas storage；rock mechanics test；uniaxial compression；triaxial compression

基金项目：中国石油天然气集团有限公司重点科技攻关项目"气藏型储气库提高运行压力关键技术研究与应用"（2019B-3204）。

第一作者简介：石磊，1982 年生，博士，高级工程师，主要从事油气藏改造储气库注采机理研究工作。

邮箱：jinfish19821230@ 163. com. cn

地下储气库是将天然气重新注入天然或人工的地下构造中，而形成的一种人工气田或气藏，是调节因季节变化而引起的天然气供需不平衡的重要设施[1]。由开发枯竭的油气藏改造成的地下储气库，其储气量大、安全性高、投资少，是目前最常见的类型[2]。

气藏型储气库的运行模式相比于气田开发更具有复杂性和特殊性，其地层压力场和地层温度场处于交替变化中，短期内注采强度大、周期生产时率短。储气库的交替注采工况和长生命周期对储层和盖层乃至整个地下构造系统的安全性提出了更高要求[3]。国内外相关学者以岩石力学理论为基础，通过开展室内实验对各类盖层、储层岩石进行了大量研究。Li 等[4]建立了评价盖层有效性的岩石力学方法，通过三轴压缩和三轴卸载试验模拟地层埋藏期的盖层韧脆性转变和地层抬升期的盖层破裂过程，并定量地提供了评价参数。刘生春等[5]对塔里木古近系膏泥岩开展静态岩石力学试验，认为膏泥岩中硬石膏体积分数的增大有利于提高其作为盖层的密封性；尹帅等[6]深部膏泥岩盖层基于岩石矿物组分分析，以及动、静态岩石力学弹性参数试验建立了深部膏泥岩盖层的动、静态岩石力学弹性参数转换关系。夏在连等[7]对中伊朗盆地裂缝性储层岩石开展抗压强度测试，探究了围压、深度、节理发育程度、矿物组成成分等对储层岩石力学性质的影响。樊恒、张矿生等[8-9]通过抗拉试验研究

了致密砂岩储层的抗拉强度对岩石断裂韧性的影响。

地下储气库的建设与运行模式不同于气藏开发，其运行期间交变应力大、注采强度大、频率高，岩石物性参数将发生变化，进而影响储气库的储存能力和注采能力[10]。隋义勇等[11]利用颗粒离散元法研究了循环应力对储气库岩石微观结构及力学性质的影响。结果表明：随着循环应力加载周期的增加，新生成的微裂缝量受到原始裂缝量影响且不断增加，但增加速率逐渐递减。储气库在交变应力下的强采强注可能造成储层渗透率大幅下降。因此针对储气库的储层应力敏感性特征研究具有重要意义。游利军等[12]发现，随着有效应力作用时间的增加，储层渗透率呈快速降低—稳定—降低的趋势，这是由裂缝壁面微凸体破碎诱发微裂缝的萌生与拓展导致的。

以吐哈油田温吉桑储气库现场岩心为基础，开展单轴压缩和三轴压缩常规试验获得相关岩石力学参数用于评价盖层、储层岩石的变形与破坏规律。为温吉桑储气库前期建设提供一定理论依据。

1 温吉桑储气库岩石基础物性特征

选取样品实验，根据《岩心分析方法》标准测出岩心的孔隙度和渗透率。实验所需岩心的基础物性如表1所示。

表1 岩心孔渗参数测试数据表

序号	样品编号	岩性	样品底深(m)	长度(cm)	直径(cm)	渗透率(mD)	孔隙度(%)
1	W1	紫红色泥岩	2682.71	5.166	2.520	0.045	2.370
2	W2	紫红色泥岩	2696.86	5.190	2.530	0.019	2.840
3	W3	灰色泥质粉砂岩	2730.79	5.104	2.528	0.085	3.730
4	W4	灰色荧光砂砾岩	2752.06	5.064	2.538	6.887	10.690
5	W5	灰色荧光砂砾岩	2752.06	5.114	2.530	8.557	10.670
6	W6	灰色荧光中砂岩	2757.18	5.070	2.550	18.757	13.160
7	W7	灰色荧光中砂岩	2757.18	5.056	2.538	12.543	11.830

续表

序号	样品编号	岩性	样品底深(m)	长度(cm)	直径(cm)	渗透率(mD)	孔隙度(%)
8	W8	灰色荧光细砂岩	2844.35	5.132	2.577	0.092	4.160
9	W9	灰色荧光细砂岩	2853.98	5.112	2.539	0.638	6.780
10	W10-1	紫红色泥岩	2691.70	4.980	2.522	0.073	1.830
11	W10-2	紫红色泥岩	2691.70	5.140	2.460	0.029	4.070
12	W11-1	紫红色泥岩	2691.70	4.980	2.510	0.038	
13	W11-2	紫红色泥岩	2684.75	5.040	2.532	0.054	4.230
14	W12-1	灰色荧光砂砾岩	2752.06	5.064	2.538	6.887	10.690
15	W12-2	灰色荧光细砂岩	2844.35	5.130	2.509	0.117	2.130

　　盖层岩石样品岩性为紫红色泥岩和灰色粉砂质泥岩，平均渗透率为0.043mD，平均孔隙度为2.96%；X1储层岩心平均渗透率为10.73mD，平均孔隙度为11.39%；X2储层岩心平均渗透率为0.28mD，平均孔隙度为4.35%。岩心物性对比分析表明，温吉桑储气库盖层和X1储层基础物性较好，X2储层灰色荧光细砂岩渗透率低，物性较差且存在物性非均质性，在其注采运行过程中储集空间动用将受到一定程度影响。

2 储气库岩石力学特性实验方案设计

　　根据《工程岩体实验方法标准》(GB/T 50266—2013)及《水利水电工程岩石试验规程》(SL 264—2001)的规定，采用干切法和车的方法进行岩样加工。将岩心加工成尺寸为$\phi 25 \times H50$mm的标准试件。直径允许偏差小于0.2mm，两端面的不平整度允许偏差均小于0.05mm，端面与轴线的垂直偏差不超过0.25°。

2.1 单轴压缩试验方案

　　开展单轴压缩试验以获得温吉桑储气库盖层、储层岩石的抗压强度、弹性模量及泊松比。试验采用的测试仪器为中国石油天然气集团有限公司地下储库工程重点实验室的美国MTS815岩石力学试验系统(图1、图2)。该系统可施加轴向压缩载荷0~4600kN，轴向最大位移为100mm，可加载围压为0~140MPa，孔隙压力为0~140MPa，温度加载范围为室温到200℃，并采用高精度引伸计测量岩石轴向变形与径向变形。该单轴压缩试验弹性阶段采用轴向荷载控制，轴向加载速率为3kN/min，其后改用径向位移控制，加载速率为0.02N/min，直至样品破坏。记录整个压缩过程的应力和变形数据，获得岩石应力应变曲线及相关岩石力学参数。

图1　MTS815岩石力学试验系统图

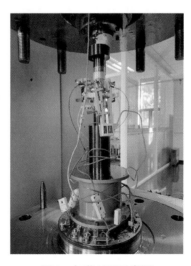

图2　加载过程示意图

2.2 三轴压缩试验方案

储气库在注采气运行期间地层应力场交替变化，岩石将处于不同压力之下。开展三轴压缩试验获得岩石的抗压强度、黏聚力和内摩擦角并分析储气库岩石在不同围压下（15MPa、30MPa、45MPa、60MPa、75MPa）表现出的变形特征。试验采用的测试仪器及步骤同单轴压缩试验类同。三轴压缩的弹性阶段采用轴向载荷控制，轴向加载速率设置为30kN/min，其后设置为横向位移控制，加载速率为0.01mm/min，直至样品破坏。记录整个压缩过程的应力和变形数据，获得岩石应力应变曲线并计算相关岩石力学参数。

3 储气库岩石力学特性实验结果及分析

3.1 单轴压缩实验结果及分析

对加工好的储气库盖层、X1储层和X2储层标准岩样试件进行单轴压缩试验。试验测得各层位岩样的抗压强度、弹性模量和泊松比见表2。

表2　单轴压缩试验结果表

层位	编号	井深（m）	岩性	抗压强度（MPa）	弹性模量（GPa）	泊松比
盖层	W1	2681.86	紫红色泥岩	34.68	9.00	0.12
	W2	2696.86		52.97	11.22	0.12
	W3	2730.5	灰色泥质粉砂岩	63.50	11.77	0.10
	均值			35.15	9.93	0.13
X1储层	W4	2752.06	灰色荧光砂砾岩	23.12	5.94	0.28
	W5	2752.06		20.07	6.81	0.43
	W6	2757.18	灰色荧光中砂岩	26.45	9.20	0.29
	W7	2757.18		35.87	12.79	0.23
	均值			27.01	8.98	0.30
X2储层	W8	2844.35	灰色荧光细砂岩	66.95	33.36	0.11
	W9	2853.98		70.85	14.57	0.09
	均值			72.03	22.74	0.11

盖层紫红色泥岩的应力、应变曲线具有明显的阶段性（图3）。在初始裂纹闭合阶段，岩石被压密，内部的张开性结构面和微裂缝逐渐闭合。岩石的线弹性阶段持续时间较长，占整个变形阶段的80%以上。变形达到屈服点后由弹性变形转为塑性变形，内部产生新的微破裂，并出现体积扩容现象，直至破坏。峰值点后为岩石的破坏后阶段，该阶段曲线不规则。表明紫红色泥岩内部孔隙结构复杂，为裂隙化岩石，破坏后仍具备一定承载能力，观察到试验后岩样外表中心有一条细微裂纹，判断其破坏方式为间接拉伸破坏。

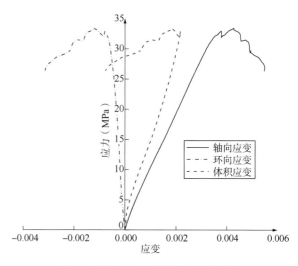

图3　盖层W1岩样单轴压缩曲线图

如图 4 所示，X1 储层灰色荧光中砂岩与盖层岩石相比表现出明显的线弹性，经过初始阶段 OA 后始终处于弹性变形阶段，应变随应力线性增长，达到峰值点后岩石突然破坏，并伴随清脆响声。岩石抗压强度很低，破坏后很快失去承载能力，破坏方式为拉伸破坏，表现为较强的脆性特征。

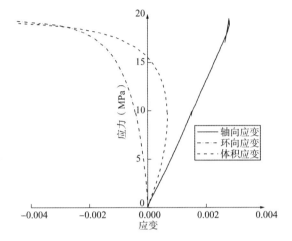

图 4　X1 储层 W5 岩样单轴压缩曲线图

盖层紫红色泥岩抗压强度介于 35~55MPa，灰色泥质粉砂岩抗压强度约为 60MPa，高于紫红色泥岩。盖层岩石平均单轴抗压强度为 38MPa，属于较坚硬岩。储层样品中 X1 储层灰色荧光砂砾岩和灰色荧光中砂岩抗压强度接近，介于 20~36MPa，平

均抗压强度为 27MPa，属于软岩；X2 储层灰色荧光细砂岩抗压强度介于 50~100MPa，平均抗压强度为 72MPa，为坚硬岩石。X2 储层灰色荧光细砂岩的抗压强度和弹性模量明显高于其他层位岩石，这是由于 X2 储层的埋藏较深。

从建库条件分析，盖层紫红色泥岩和灰色泥质粉砂岩岩性较硬，强度较高，且结合该区块岩石基础物性，两种类型盖层岩石孔隙度较小，岩体较为致密，与国内大部分储气库盖层相比力学性质较好。X2 储层砂岩强度高，X1 储层砂岩强度低，且储层砂岩孔隙度普遍较高，在储气过程中有可能形成孔隙连通网络，在后期工作方案设计中应格外注意。

3.2 三轴压缩实验结果及分析

选取温吉桑储气库盖层紫红色泥岩、X1 储层灰色荧光砂砾岩和 X2 储层灰色荧光细砂岩岩样进行三轴压缩试验，根据试验测得不同围压下各岩样的抗压强度绘制一系列莫尔应力圆，通过绘制包络线的作图法得到层位岩石的内摩擦角和黏聚力。各组层位岩石抗压强度、内摩擦角及黏聚力等实验结果如表 3 所示。各层位岩石的不同围压条件下的三轴压缩轴向应变曲线如图 5 至图 8 所示。

表 3　三轴压缩试验结果表

层位	编号	井深（m）	岩性	围压	抗压强度（MPa）	弹性模量（GPa）	泊松比	黏聚力（MPa）	内摩擦角（°）
盖层	W10-1	2683.03	紫红色泥岩	15	138.13	19.3	0.17	27.43	30
	W10-2	2683.03		30	151.1	15.66	0.12		
	W10-3	2683.03		45	185.38	12.87	0.12		
	W10-4	2683.03		60	217.32	16.17	0.15		
	W10-5	2683.03		75	368.95	13.76	0.17		
X1 储层	W11-1	2752.06	灰色荧光砂砾岩	15	124.28	14.11	0.32	24.23	32
	W11-2	2752.06		30	157.35	17.55	0.22		
	W11-3	2752.06		45	197.41	18.94	0.20		
	W11-4	2752.06		60	218.69	16.75	0.22		
	W11-5	2752.06		75	248.34	20.72	0.18		
X2 储层	W12-1	2844.35	灰色荧光细砂岩	15	248.67	58.37	0.19	53.06	36
	W12-2	2844.35		30	274.89	47.30	0.21		
	W12-3	2844.35		45	334.91	42.23	0.16		
	W12-4	2844.35		60	368.35	43.56	0.18		
	W12-5	2844.35		75	396.96	38.25	0.18		

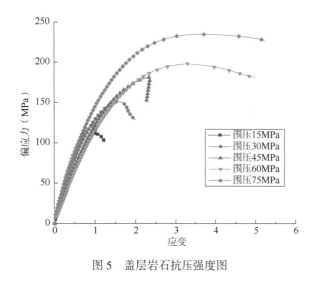

图5 盖层岩石抗压强度图

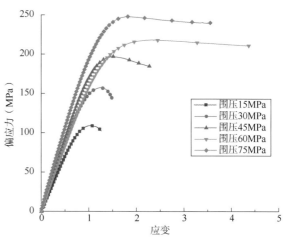

图6 X1储层岩石抗压强度图

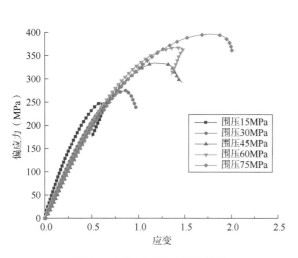

图7 X2储层岩石抗压强度图

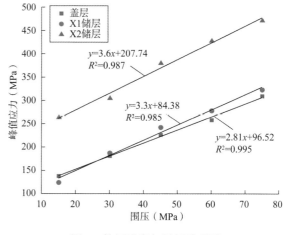

图8 抗压强度与围压关系图

各层位岩石三轴压缩下的轴向应力—应变曲线和单轴压缩下曲线形态有很大不同。图8为不同围压下各层位岩石峰值应力拟合曲线。因施加的围压对应变产生了明显约束作用，相比单轴压缩试验结果，三轴压缩试验获得全应力应变曲线平滑，各岩样的抗压强度、弹性模量、泊松比显著增大，且围压越大，各岩石力学参数增加的幅度越大。

如图5所示，盖层紫红色泥岩破坏前轴向应变随围压的增大而增大，岩石由弹性变形转变为塑性变形。当围压低于45MPa时，岩石呈现脆性状态；围压增加到60MPa后，岩石呈现出塑性流动状态；

当围压达到75MPa时，岩样经过屈服阶段，抗变形能力显著提高，呈现应变硬化现象。

如图6所示，X1储层灰色荧光砂砾岩在低围压下的变形模式与盖层岩石相似。其围压达到45MPa以后表现为塑性流动；围压高于60MPa后出现应变硬化现象。

如图7所示，X2储层灰色荧光细砂岩三轴压缩过程的变形模式并没有随围压增大而改变，均为初始阶段的弹性变形加屈服后的塑性变形，且岩样始终呈脆性状态，破坏后很快失去承载能力，无应变硬化现象。X2储层灰色荧光细砂岩三轴压缩强度明显高于盖层及 X1 储层岩石，且始终呈现明显脆性特征。试验后各样品表面均可观察到一条倾斜贯穿裂纹，判断其在围压固定模式下破坏方式为 X 型共轭剪切破坏。

通过各岩样三轴压缩应力—应变曲线可知，围压的施加对各层位岩石力学性质影响很大，围压75MPa 下的抗压强度约为围压 15MPa 下样品抗压强度的 2~3 倍。盖层岩石及 X1 储层岩石在高围压下表现出较高的残余强度，岩石压缩达到峰值破坏后仍具备一定承载能力。3 种岩石的内摩擦角相接近，均为 30°~40°。X2 储层岩石岩性为细砂岩且埋藏普遍较深，导致其抗压强度较高。X2 储层岩石的黏聚力为 53MPa，约为盖层岩石及 X1 储层岩石的 2 倍，但其脆性较强，峰值后变形能力明显弱于盖层岩石及 X1 储层岩石。

体积由压缩转为膨胀的点是岩石内部结构由压缩转为裂纹萌生，最终导致岩石渗透率由降低转为升高的关键点。盖层泥岩各围压下体积膨胀点的应力始终为峰值强度的 80%~90%。在原始地层情况下，岩石的受力状态远不会达到峰值强度的 80%~90%。国内储气库的设计上限压力多低于 40% 峰值强度，基于三轴压缩试验可判断在储气库注采运行条件下，不同围压之下的盖层岩石仍将处于弹性变形阶段，不会发生岩石破损、渗透率增加、岩石密封性失效等现象。

4 结论

（1）温吉桑储气库的盖层基础物性较好，X1 储层及 X2 储层具有较强的非均质性，在其注采运行过程中储集空间动用可能受到一定程度影响。

（2）盖层岩石岩性硬，强度较高，岩体较为致密，高围压下呈塑性流动状态，力学性质较好。高围压下呈现应变硬化性质，作为储气库盖层不会发生岩石破损、渗透率增加、岩石密封性失效等现象。

（3）X1 储层砂岩强度低，孔隙度普遍较高，弹性变形阶段持续时间长。高围压下残余强度较高，峰值后变形方式为塑性流动，储气过程中有可能形成孔隙连通网络。

（4）X2 储层砂岩的埋藏较深，强度高，始终表现为脆性破坏，峰值后变形能力较弱。弹性变形阶段具有较好的力学性质。

参考文献

[1] 马新华，丁国生 . 中国天然气地下储气库 [M]. 北京：石油工业出版社，2018.

[2] 魏国齐，丁国生，何刚 . 储气库地质与气藏工程 [M]. 北京：石油工业出版社，2020.

[3] 丁国生，王皆明，郑得文 . 含水层地下储气库 [M]. 北京：石油工业出版社，2014.

[4] Li S，Yan Z，Sun D，et al. Rock mechanic experiment study of evaluation on cap rock effectiveness[J]. Petroleum Geology & Experiment，2013，35(5)：574-573.

[5] 刘生春，阳松宇，单法铭，等 . 深层膏泥岩盖层岩石力学性质实验分析[J]. 断块油气田，2018，25(5)：635-638.

[6] 尹帅，闫玲玲，宋跃海，等 . 深部膏泥岩盖层动静态岩石力学弹性性质分析[J]. 油气地质与采收率，2018，25(2)：37-41.

[7] 夏在连，刘树根，时华星，等 . 中伊朗盆地地层条件下裂缝性储层岩石力学性质实验分析[J]. 石油实验地质，2008(1)：86-93.

[8] 樊恒，许建国，闫相祯 . 致密砂岩储层岩石力学参数测试实验及分析[C]// 2014 海峡两岸破坏科学与材料试验学术会议暨第十二届破坏科学研讨会/第十届全国 MTS 材料试验学术会议 . 2014.

[9] 张矿生，唐梅荣，王成旺，等 . 致密砂岩储层抗拉强度评价方法研究[J]. 地球物理学进展，2021，36(1)：318-324.

[10] 贾善坡，付晓飞，王建军 . 孔隙型地下储气库圈闭完整性评价 [M]. 北京：科学出版社，2020.

[11] 隋义勇，林堂茂，刘翔，等 . 交变载荷对储气库注采井出砂规律的影响[J]. 油气储运，2019，38(3)：303-307.

[12] 游利军，邵佳新，高新平，等 . 储气库注采过程中有效应力变化模拟试验[J]. 石油钻探技术，2020，48(6)：104-108.

盐穴储气库安全性评价软件开发及应用

刘冰冰[1,2]，武志德[1,2]，丁国生[1,2]，孟　芳[1,2]，何成海[1,2]

1 中国石油勘探开发研究院，北京 100083；

2 中国石油天然气集团公司油气地下储库工程重点实验室，北京 100083

摘　要：盐穴储气库对于调节城市用气峰谷值，保障燃气管网安全具有重要作用。如何评价储气库长期运行的安全性对储气库运营具有重要意义。由于目前市面上常用的盐穴储气库安全性评价软件具有局限性，急需采用面向对象的程序开发的方法研发盐穴储气库安全性评价软件。软件采用 Python 语言编写，在 Windows10 Pro X64 操作系统通过测试验证，包含"三维显示/网格剖分""参数拟合/参数库""注采数值模拟"和"安全评价"四大模块。针对国内某储气库群实际地质资料，分析其相邻的 4 个盐腔安全性。根据无拉应力判据、剪胀判据、蠕变应变判据和渗透率判据云图分析认为：储气库群在低压运行的情况下，腔体围压出现拉应力易造成破损；在注采运行条件下，运行结果基本满足安全性评价准则，较为安全。

关键词：地下储气库；安全性评价；软件开发

Development and Application of Software for Evaluating Salt Cavern Gas Storage Safely

Liu Bingbing[1,2], Wu Zhide[1,2], Ding Guosheng[1,2], Meng Fang[1,2], He Chenghai[1,2]

1 PetroChina Research Institute of Petroleum Exploration & Development, Beijing 100083, China;

2 Key Laboratory of Oil and Gas Underground Storage Project of China National Petroleum Corporation, Beijing 100083, China

Abstract：Salt cavern gas storage plays an important role in regulating the peak and valley value of urban gas and ensuring the safety of gas pipe network. How to evaluate the long-term operation safety of gas storage is of great significance to the operation of gas storage. Due to the limitations of the commonly used safety evaluation software in the market, the safety evaluation software of salt cavern gas storage was developed by using object-oriented program development method. The software is written in Python language and tested in Windows10 Pro X64 operating system. It contains four modules："3D display/grid partitioning", "parameter fitting/parameter library", " injection-production numerical simulation" and "safety evaluation". Based on the actual geological data of a gas storage group in China, the safety of four adjacent salt caverns is analyzed. According to the criterion of non-tensile stress, dilatancy, creep strain and permeability, it is found that the confining pressure of the gas storage group is easy to cause damage under the condition of low pressure operation. Under injection-production operation conditions, the operation results basically meet the safety evaluation criteria and are relatively safe.

Key words：underground gas storage；safety evaluation；software development

基金项目：国家重点研发计划项目"国家石油天然气国家储备库致灾机理和安全影响评价"（2017YFC0805801）。

第一作者简介：刘冰冰，1997 年生，男，硕士，主要研究方向为地下储气库稳定性评价。

邮箱：L18800132690@163.com

在当前节能减排、绿色发展的背景下，天然气作为一种清洁能源，其消费水平将提升新的台阶[1]。天然气地下储气库对于调节城市用气峰谷值，保障燃气管网安全具有重要作用。因盐岩具有稳定的力学性能、较低的渗透性、良好的蠕变性、较强的损伤自愈性，被公认为用于天然气地下储存的理想介质[2-3]。

盐穴储气库建成后，在长期注采运行过程中，其腔体形状、运行工况、上下限压力大小、采气速率注采过程中温度变化等因素对储气库的安全运营起到重要影响[4-8]。如果腔体设计及运行参数设置不合理，容易引起腔周岩体的垮塌、顶板的破坏、盐腔体积极度收缩、盐腔密封性失效、地表沉陷等危险，最终对盐腔的结构产生破坏性损害，影响储气库的安全运营[9-10]。

目前，我国盐穴储气库正处于大规模建设时期，如何针对已建储气库的腔体实际形状和运行参数判别储气库的注采安全性是保障储气库安全运营的关键技术问题。因此，盐穴储气库安全性评价软件的研发对于我国盐穴储气库的长期安全稳定运行具有重要意义，对盐穴储气库群的管理具有重要应用前景。

1 软件的需求分析

由于盐穴储气库安全性受到复杂的地质环境、施工设计和运行状况等因素影响，其安全运行评价十分困难。目前，国内外通用的安全性评价方法主要有：解析分析法、物理模拟法、数值模拟法[10]。其中数值模拟方法应用最为广泛，主要是通过在室内获得岩石力学参数的基础上，基于盐岩的本构模型，采用数值模拟软件，对储气库进行注采运行模拟，设计储气库运行参数并评价其长期安全性[11]。

国内外应用较为广泛的软件是 FLAC3D，以及一些专用的数值模拟软件，如 ABAQUS、GEO1D、LOCAS 等；以上软件都是基于一种盐岩的本构模型进行计算。针对盐穴储气库稳定性的研究主要应考虑盐岩蠕变特性对盐腔稳定性的影响。目前盐岩本构模型很多，但是多数模型较复杂，在工程应用中较难，只在某个软件或者本构模型的发现者自己编写的软件中应用。例如 FLAC3D 软件分析盐岩蠕变特性是基于幂指数模型 或 BURGERS 模型；GEO1D 软件是基于 Lemaitre 本构模型。这些软件本身都有一定局限性。由于本构模型的不同，往往存在不同类型盐岩无法同时适应本构模型的问题。同时一般软件无法实现实际盐腔的模型，采用形状规则的理论模型计算结果与实际溶腔有一定偏差。且这些软件只能模拟某个过程，得到的结果往往还需要再分析，对于使用者来说较难应用。

因此，亟须研发一套包含多种盐岩本构模型的计算软件，同时该软件还需具备实际盐腔的安全性评价功能，通过多种安全性评价判据判断储气库的安全性，为加强储气库系统风险评估技术研究和储气库安全管理提供技术支持。

2 安全性评价软件的设计与实现

2.1 软件设计思路与技术架构

安全性评价软件拟采用面向对象的程序开发方法。软件采用 Python 语言编写软件在 Windows10 Pro X64 操作系统进行测试验证。开发的程序中主要涉及调用 GMSH 和 OpenGeoSys 程序。

盐穴储气库安全性评价软件研发的总体思路见图1。

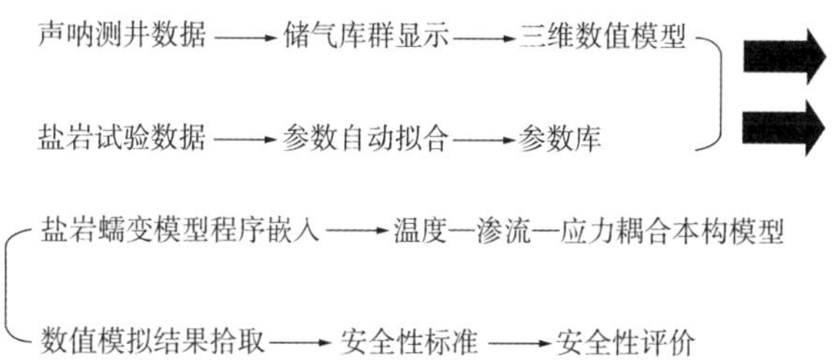

图 1　盐穴储气库安全性评价软件总体思路图

软件的技术架构如图2所示。基于 MFC 对话框和 OpenGL 架构，设置"三维显示/网格剖分""参数拟合/参数库""注采数值模拟"和"安全评价"4个模块。此外，还设置操作提示、盐腔信息、地层信息和错误提示等信息框。

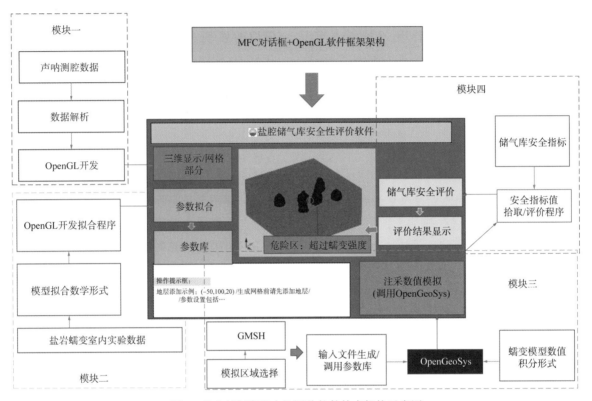

图 2　盐穴储气库安全性评价软件技术架构示意图

2.2 软件功能的实现

2.2.1 "三维显示/网格剖分"模块功能实现

在三维显示/网格程序模块开发中，首先对声呐测井数据进行解析，根据声呐数据结构形式，基于 Python 程序开发储气库群的三维显示程序，如图 3 所示。采用 GMSH 开源数值模型网格剖分程序，根据 GMSH 程序的文件格式将声呐数据转换为 GMSH 输入文件，生成封闭盐腔实体后，再与自动生成的地层实体模型做布尔（Boolean）运算，二者相减，留取地层外侧模型，得到盐穴储气库群的三维地质模型，并编写包含地质体的数值模型剖分程序语言，调用 GMSH 程序进行数值模型网格剖分。最终将三维数值模型和地层信息模型显示于盐穴储气库安全评价软件中，如图 4 所示。

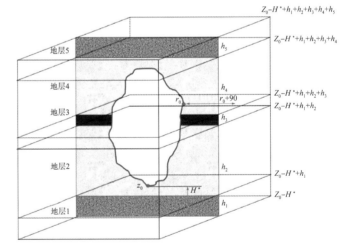

图 3　储气库腔体及地层模型建立图

r_0—腔体最外边缘半径；z_0—腔体最低点高度；

H^*—最下地层至腔体高度；

h_2—地层高度，高度；$i=1$，2，3，4，5

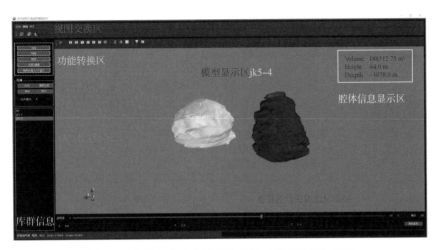

图 4　盐穴储气库安全性评价软件三维显示模块界面

2.2.2 "参数拟合/参数库"模块功能实现

在参数拟合模块的开发中，首先将 Lubby2、Norton、Lemaitre 和 Munson-Dawson 4 种常用盐岩蠕变模型进行数学转换，整理为满足最小二乘法的线性方程组形式。采用 Python 编写独立的函数拟合程序，在盐穴储气库安全评价软件中调用该拟合程序，进而实施参数拟合交互式操作，界面见图 5。在参数拟合得到立项参数后，给参数组命名并保存在特定的参数文件夹中，以便在数值模拟输入参数时，直接调用不同类型盐岩或地层的蠕变数据。

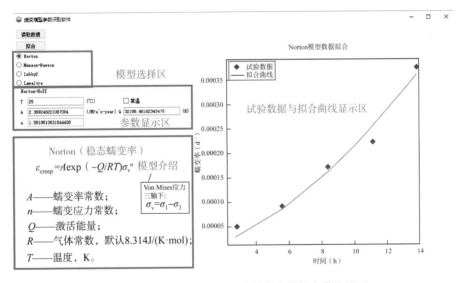

图 5　盐穴储气库安全性评价软件参数拟合模块界面

2.2.3 "注采数值模拟"模块功能实现

在注采数值模拟模块开发中，留设模拟区域选取对话框，该功能通过储气库和地层信息框中直接选取需要计算的储气库代号和地层代号，然后通过"三维显示/网格部分"模块中的网格剖分功能，生成数值模拟需要的模型（图 6）。同时，根据 OpenGeoSys 数值程序蠕变模块的结构特征，选取适合的蠕变模型改写为数值积分形式，并嵌入到 OpenGeoSys 数值模拟程序中。根据 OpenGeoSys 数值模拟软件中输入文件的形式，设置数值模拟需要满足的特定条件，建立"一键式"数值模拟输入文件设置功能。

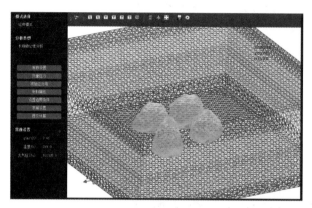

图6 盐穴储气库安全性评价软件"注采数值模拟"模块界面

2.2.4 "安全评价"模块功能实现

在"安全评价"模块的开发中，从盐腔长期稳定性和密闭性两个层面设置储气库安全性指标值。在盐腔长期稳定性评价方面，评价盐腔围岩的片帮控制、蠕变破坏、盐腔体积收敛控制等；在盐腔密闭性评价方面，评价安全矿柱尤其夹层的损伤扩容边界(有效应力超过扩容边界将增大渗透率)、矿柱透气连通性等值。根据数值模拟输出文本格式，搜索和计算节点的上述控制指标值，并进行判断。并在评价软件中显示超出安全控制值的区域范围。图7为盐穴储气库长期注采运行条件下的三维应力和应变分布云图。

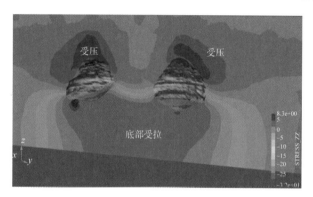
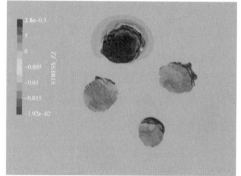

图7 储气库三维应力和应变分布云图

3 实例应用

针对国内某储气库群所在区块盐矿的地质资料，采用盐穴储气库安全性评价软件分析其相邻的4个盐腔安全性。该地区含盐地层主要分布在地下600~930m，建库层段为750~905m，4个盐腔的直径均在80m左右，盐腔中部深度为850m、套管鞋深度在760m左右，上覆地层压力为19MPa，温度为33℃。经过实际地形三维腔体的模型建立、盐岩蠕变参数的拟合及长期注采运行数值模拟，根据安全性评价软件中给出的安全性判据评价盐穴储气库群稳定性。

在储气库低压运行情况下：

(1)根据无拉应力判据评价的结果如图8所示，在盐腔围岩存在较大的拉应力，易造成腔体围岩破坏甚至剥落。

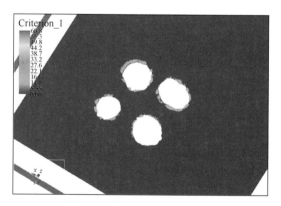

图8 无拉应力判据评价云图

(2)根据剪胀损伤判据评价结果如图9所示，整体上盐腔围岩存在较小的剪胀损伤现象，盐腔底部边界处存在小区域剪胀损伤情况。

(3)腔体体积收缩率判据评价云图如图10所示，经过900小时的注采运行，盐腔整体体积收敛率仅为0.1128%。

(4)由图11渗透压力分布云图可知，盐柱中

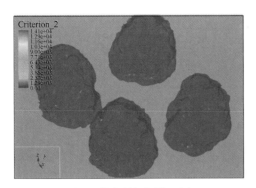

图9　剪胀判据评价云图

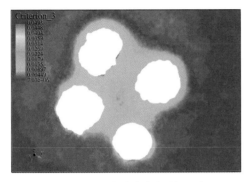

图10　蠕变应变判据评价云图

只有极少部分区域出现压力连通，且渗透率变化比只在腔体近表面有微小的增大，最大值约为4.23×10^{-4}mD，密封性较好。

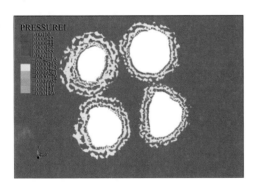

图11　渗透率判据评价云图

因此，整体评价该储气库群4个腔体处于安全状态。

4　结论

盐穴储气库安全性评价软件利用面向对象的程序开发方法，采用Python语言编写软件，在Windows10 Pro X64操作系统进行测试验证。基于MFC

对话框和OpenGL架构共设置"三维显示/网格剖分""参数拟合/参数库""注采数值模拟"和"安全评价"4个模块，并针对国内某储气库群所在区块盐矿的地质资料，采用盐穴储气库安全性评价软件分析其相邻的4个盐腔安全性。

根据无拉应力判据、剪胀判据、蠕变应变判据和渗透率判据云图分析认为：储气库群在低压运行的情况下，腔体围压出现拉应力易造成破损；在注采运行条件下，运行结果基本满足安全性评价准则，较为安全。

参考文献

[1]　马新华，丁国生．中国天然气地下储气库[M]．北京：石油工业出版社，2018.

[2]　丁国生，张昱文．盐穴地下储气库[M]．北京：石油工业出版社，2010.

[3]　丁国生，郑雅丽，李龙．层状盐岩储气库造腔设计与控制[M]．北京：石油工业出版社，2017.

[4]　王粟，武志德，王汉鹏，等．地下盐穴储气库周期注采运行稳定性评价[J]．油气储运，2018，37(7)：775-779，789.

[5]　完颜祺琪，安国印，李康，等．盐穴储气库技术现状及发展方向[J]．石油钻采工艺，2020，42(4)：444-448.

[6]　赵艳杰，马纪伟，郑雅丽，等．淮安盐穴储气库注采循环运行压力限值确定[J]．油气储运，2013，32(5)：526-531.

[7]　时文，申瑞臣，徐义，等．盐穴储气库运行压力对腔体稳定性的影响[J]．石油钻采工艺，2012，34(4)：89-92.

[8]　纪文栋，杨春和，屈丹安，等．盐穴地下储气库注采方案[J]．油气储运，2012，31(2)：121-124.

[9]　赵新伟，李丽锋，罗金恒，等．盐穴储气库储气与注采系统完整性技术进展[J]．油气储运，2014，33(4)：347-353.

[10]　郑雅丽，完颜祺琪，垢艳侠，等．盐矿地下空间利用技术[J]．地下空间与工程学报，2019，15(增刊2)：534-540.

[11]　朱华银，王粟，张敏，等．盐穴储气库全周期注采模拟：以JT储气库X1和X2盐腔为例[J]．石油学报，2021，42(3)：367-377.

气密封检测设备及工具问题与解决方法

雷齐松[1]，王　星[1]，张秀丽[1]，尹东宇[1]，张　晶[2]，李天时[1]

1 中国石油集团渤海钻探工程有限公司管具与井控技术服务分公司，天津 300280；
2 中国石油集团渤海钻探工程有限公司质量安全环保处安全巡视科，天津 300280

摘　要： 气密封检测技术主要应用于含硫化氢和地下储气库注气井，目前气密封检测工具及设备应用规模不断扩大。由于检测设备常处于高压状态，则在使用过程中带来许多新的故障。为解决该问题，首先探讨了气密封检测工具的组成及工作环境，其次对气密封检测设备常见故障进行了梳理。针对主要问题，设计优化了管线防转装置、密封胶筒材料选择程序、新检测控制台仪表等装置仪器，并在一定程度上解决了检测设备存在的主要问题，提高了气密封检测设备工作的可靠性。

关键词： 扭矩仪；套管；故障处理；气密封

Problems and Solutions of Testing Equipment and Tools for Air Tight Seal

Lei Qisong[1], Wang Xing[1], Zhang Xiuli[1], Yin Dongyu[1], Zhang Jing[2], Li Tianshi[1]

1 Pipe Tools and Well Control Service Company of CNPC Bohai Dring Engineering Company Limited, Tianjin 300280, China; 2 Safety and Environmental Protection Department of CNPC Bohai Dring Engineering Company Limited, Tianjin 300280, China

Abstract： Gas seal detection technology is mainly used in gas injection Wells containing hydrogen sulfide and underground gas storage. At present, the application scale of gas seal detection tools and equipment is also expanding. Because the equipment is often under high pressure, it also brings many new problems in the process of use. Based on this, this paper first analyzes the definition and characteristics of the gas seal detection technology, then sorts out the common faults of the gas seal equipment, and finally analyzes the fault strategies of the gas seal detection equipment, hoping to improve the application level of technology and ensure the connection quality of the gas seal threaded casing.

Key words： torque gauge; casing; fault treatment; gas seal

1　概述

气密封检测设备主要应用于气密封螺纹套管施工中，对连接完毕的套管串连接处进行打压检测，确认套管连接质量，剔除套管螺纹密封面损坏、螺纹不清洁、紧扣扭矩不符合标准和套管串上提拉伸等影响套管串连接质量的因素[1]。气密封检测设备常处于高压状态，最大油管试压可达到 140MPa。

基金项目： 渤海钻探工程有限公司科技专项课题"气密封检测配套技术研究"（2021GJJK007）。

第一作者简介： 雷齐松，1967 年生，男，工程师和技术专家，主要从事技术研究和下套管技术施工作业及其应用研究等工作。

邮箱：leiqisong14@163.com

现场检测压力按两种方式确定：一是以储气库正常生产运行的实际压力，二是以套管拉伸和弯曲强度而定。气密封检测设备主要包括检测工具、储能器、柴油机增压系统、绞车、控制台和检漏仪等[2]，这些设备相对是独立的，现场安装时用气管线相连接，还有部分设备采用整体式集中组装在专用车辆上。柴油机增压系统、储能器和检测工具等设备大多要承受 30~70MPa 的压力，油管试压最高达到 140MPa，每口井运行时间都达到 2~3 天，所以设备使用过程中故障率较高。只有解决这些故障，才能保证气密封检测设备正常使用，提高气密封螺纹的检测精度。

2 气密封检测设备常见问题

2.1 检测工具进回气管线与悬挂绳易缠绕和损坏

检测工具在现场使用时，需用液压绞车将其提起后放入到套管接箍位置，对套管螺纹进行检测，而检测工具的进回气管线与悬挂绳都要通过绞车一起提起放入套管[3]。检测工具转动会使进气、回气管线与悬挂绳发生缠绕，此问题在多口井施工中多次出现，每次都需要 3~4 小时来解决，造成作业时间增加和下套管作业风险，严重影响气密封检测作业施工质量。

2.2 液动绞车与操作台固定难题

液压绞车和操作台为一体，起到控制整个系统增压、降压和稳压等作用[4]，同时还可上提和下放检测工具。根据套管尺寸，目前常用的检测工具外形尺寸为 $\phi244.5mm$、$\phi177.8mm$ 和 $\phi139.7mm$ 等，其中 $\phi244.5mm$ 检测工具质量为 1.2t，绞车及操作台的质量仅 500kg，无法平衡检测工具质量；另外当检测工具出现解封不及时，工具上提拉力会增加 2~3t，液压绞车更无法保证工具稳定。工作时需要将绞车及操作台固定到钻台上，而钻台固定点无法确定，也不能随意切割钻台面作为固定点，极大影响气密封检测作业。

2.3 检测工具的密封胶筒磨损老化

检测工具下放过程中会受到套管内壁锈迹和内附泥砂等磨损而损坏，上百次试压和解封也会造成胶筒老化而变形，使其弹性大幅度下降，每次都要更换 2~3 个密封胶筒[5]。既增加了材料消耗，也延长了气密封检测作业时间，不利于套管顺利下入。

2.4 检测控制台仪表问题

检测系统运行过程中，可以通过控制台仪表对增压系统、储能器和检测工具的压力和流量进行控制[6]。在仪表出现故障时，就无法准确显示套管试压情况，可能造成压力异常，严重影响安全生产。在进行该类型的设备维护管理时，要做好日常保养，发现问题及时对元器件进行测试，更换损耗的元器件即可恢复正常作业。

3 气密封检测设备问题的解决方法

3.1 管线防转装置

该装置由辅助绳、绳卡、弯管接头、气管线和防转转环等组成，液压绞车的悬挂绳通过防转转环与辅助悬挂绳连接，弯管接头固定在辅助悬挂绳上，高压进气、回气管线分别于弯管接头相连，辅助悬挂绳另一端和高压气管线与检测工具相连[7]。当检测工具被吊起时，在检测工具重力作用下，液压绞车上端旋转，而防转转环连接下端不旋转，解决了高压进气、回气管线与辅助悬挂绳缠绕问题，加快了气密封检测的作业进度，后续施工的 30 余口井未发生该问题。

3.2 密封胶筒优选

现场作业时，首先要求对套管进行通径，减少胶筒磨损；其次做好胶筒材料优选和气密封工具的核心部件选择。胶筒本身对密封性能影响较大[8]，选取 3 种橡胶胶筒进行对比。图 1 分别为 A、B、C

等 3 种材料的 Mises 应力云图，从图中可以看出，A 材料的最大 Mises 应力最大，B 材料的最大 Mises 应力最小。

3 种材料的硬度排序为：C<B<A。仿真结果显示，C 材料的胶筒被压缩得最为严重，B 材料胶筒被压缩得比较适中，A 材料的被压缩程度最轻，完全变形后胶筒端部呈圆弧状。从宏观上讲，这是由于 A 材料胶筒的硬度最大，所以在相同载荷条件下变形量最小。压缩变形大会造成胶筒磨损大，使密封效果差，而现场要求也是胶筒材料压缩适中为最佳。

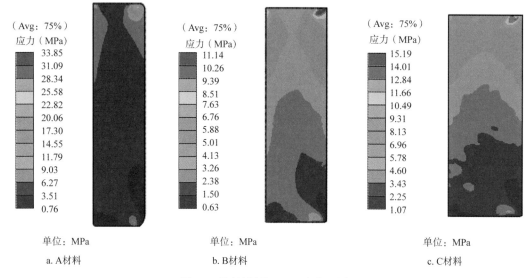

图 1　不同材料的 Mises 应力云图

3 种材料的接触应力云图如图 2 所示，A 材料与 B 材料的接触应力大小相近，C 材料的接触应力略小于 A 材料和 B 材料，这说明在相同的轴向载荷作用下，A 材料和 B 材料的密封效果比 C 材料好。

对比分析，在保证密封性能和不易被破坏的基础上，同时又具有更长的使用寿命选材原则，优选 B 材料作为设计气密封检测工具胶筒的橡胶材料[9]。合适的胶筒材料既提高密封胶筒抗摩擦性，同时也提高胶筒密封性和使用寿命。

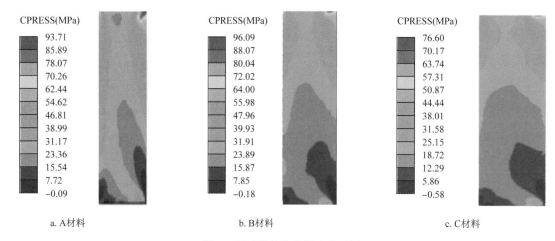

图 2　不同材料的接触应力云图

3.3 检测控制台仪表改进

改进了绞车及压力控制台面板，由触控屏、压力显示仪表、操作按钮和绞车升降换向阀等组成，其中触控屏是进行现场操作的人机界面(图3)。触控屏可以单独完成试验的设置和显示[10]，共有5个界面，通过触摸屏界面上的按钮切换各画面，操作简单、功能完善。

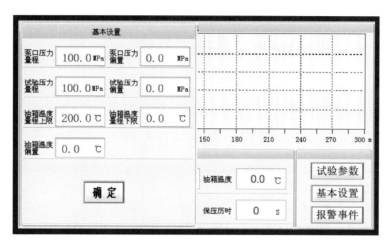

图3　触控屏界面

触控屏基本设置界面只有半个屏幕大，在屏幕的左边，主要显示和设置各传感器的量程和零点偏置值，确定按钮用以返回主界面。

4 结论与建议

气密封检测系统具有设备复杂、维护难度大和人员掌握技术要点困难等特点。在正常使用中，除了常见液压绞车和检测工具问题外，还有检测控制台仪表故障等。为此，对检测设备及工具提出改进和优化措施，以期提升气密封检测设备可靠性，顺利完成生产目标。

参考文献

[1] 李建中，李奇．盐穴地下储气库气密封检测技术[J]．天然气工业，2011，31(5)：90-92.

[2] 阳小平，王凤田，邵颖丽，等．大张坨地下储气库地面工程配套技术[J]．油气储运，2008，27(9)：15-19.

[3] 何顺利，门成全，周家胜，等．大张坨储气库储层注采渗流特征研究[J]．天然气工业，2006，26(5)：90-92.

[4] 林勇，薛伟．气密封检测技术在储气库注采井中的应用[J]．天然气工业，2012，2(30)：90-92.

[5] 李朝霞，何爱国．砂岩储气库注采井完井工艺技术[J]．石油钻探技术，2008，36(1)：16-19.

[6] 李国韬，刘飞，宋桂华，等．大张坨地下储气库注采工艺管柱配套技术[J]．天然气工业，2004，24(9)：156-158.

[7] 杨剑，张昊．套管检测技术在安塞油田的发展及应用[J]．石油仪器，2010，24(3)：59-63.

[8] 杨向莲．天然气管道泄漏检测技术评价及预防措施[J]．能源技术，2005，26(6)：248-250，267.

[9] 李天雷，徐晓琴，孙永兴，等．酸性油气田油套管抗腐蚀开裂设计新方法[J]．天然气与石油，2010，28(1)：25-27.

[10] 李国韬，刘飞．大张坨地下储气库注采工艺管柱配套技术[J]．天然气工业，2004，24(9)：156-158.

浅谈基层科研管理信息化应用及探索

乔 韵，胡 兰，冯 迪，谢 宇，吴若楠

中国石油勘探开发研究院，北京100083

摘 要：以基层科研管理信息化工作中存在的问题入手，结合基层石油科研院所实际情况，就基层如何适应新形势下科研管理信息化工作进行了思考和探索。从顶层设计、基层信息化科研管理系统构建、人才培养3个方面提出一种通用的基层科研管理信息化方案，为基层科研管理部门"高效、便利、智慧"的信息化管理模式提供参考。

关键词：科研管理；信息化；多平台管理

Application and Exploration of Informationization to Basic-level Scientific Research Management

Qiao Yun, Hu Lan, Feng Di, Xie Yu, Wu Ruonan

PetroChina Research Institute of Petroleum Exploration & Development, Beijing 100083, China

Abstract：This paper begins with the problems existing in the general scientific research management informationization work, taking the actual situation of a petroleum research institute as an example, and considers and explores how the general research staff could adapt to the scientific research management informationization work under the new situation. A general scientific research management informationization plan is proposed based on the top-level design, the construction of the informationization scientific research management system, and the talent cultivation, which provides a reference for the "efficient, convenient and intelligent" information management mode for the general scientific research management department.

Key words：scientific research management；informationization；multi-platform management

2021年是"十四五"开局之年，我们正迎来全球新一轮科技革命、产业变革同国家转变发展方式交汇的关键时期，信息化和智能化是强化科技创新能力、推动产业优化升级的重要杠杆[1]。基层科研单位作为绿色低碳转型、科技创新发展的第一线，面对日益增长的科研项目管理、经费管理、成果管理、档案管理、学术交流以及科研运行管理等工作，高效的信息化管理已成为提升科研水平、增强科研实力的必然需求。

1 基层科研管理信息化当前存在问题

1.1 信息化平台一体化程度不足

1.1.1 多平台管理数据不互通导致效率低下

某科研院所，目前使用的信息化科研管理平台

第一作者简介：乔韵，1987年生，女，主要从事科研管理工作。

邮箱：qiaoyun69@ petrochina. com. cn

系统，为上级科研院所与上级公司统一建立，科研管理的各项职能分散于 OA 电子文件管理、科研项目管理、合同管理、财务管理、档案管理、成果管理、实验室管理等数十个平台系统。各系统独立部署，数据基本不能跨平台调用。科研项目管理平台上填报过的项目资料，在成果鉴定时需要更换到成果管理平台重新填报，到业绩考核时需要再更换平台填报大量重复信息，科研人员的宝贵精力消耗在了无谓的重复劳动中。

1.1.2 信息孤岛引发全局把控困难

该科研院所的管理人员根据科研、财务等职能分工管理相关平台系统或平台的相应权限模块，每位管理人员的账号只能操作查询本部门分管的业务流程，对上下游关联流程不清楚。例如科研项目管理、成果管理、运行管理平台由科研秘书统一管理，财务相关平台系统由财务部门掌握，合同系统及科研管理平台的合同模块由合同专人负责，电子公文 OA 系统由办公室专员管控，而科研项目的具体工作由项目组自行负责。一个科研项目的所有信息需要经过多方沟通协调才能拼凑出来，无论是管理人员还是科研人员都难以把握整个科研项目的全生命周期。

1.2 信息化程度不能满足科研管理需求

1.2.1 信息化管理覆盖面小

一是缺少覆盖到基层科研院所层级内部的信息化管理系统。基层科研院所内部的科研管理主要采用线下纸质文件处理，统计查询工作全靠手工处理，工作量大且容易遗漏数据。

二是现行的信息化科研管理平台系统主要支持结构化数据的填报统计，但实际科研管理工作中存在着大量半结构化或非结构化数据，这些信息只能依靠传统办公软件 Word、PPT、PDF 等进行人工编写汇总报送，工作琐碎繁杂且人工统计易出现纰漏，也导致递交材料内容格式往往存在不符合要求的地方，反复沟通修改非常消耗科研人员的精力，兼之该类信息经常通过微信群等互联网手段传递，信息安全性也存在一定隐患。

1.2.2 缺乏标准化的流程管理

从上级公司到上级科研院所再到基层科研院所制订了一系列的规章制度，但科研管理活动烦琐冗杂，依赖人工的实际业务流程中存在诸多细节操作问题是规章制度无法解决的，基层科研人员在实际操作时经常出现多方咨询、手续因人而异的情况，模糊的、主观性过强的工作流程导致工作效率降低，混乱的操作手续也加大了管理难度。

1.2.3 信息化科研管理平台系统登录困难

一是多个科研平台系统同时应用，需要记忆多组账户密码。在实践中科研人员经常出现记混平台账号密码，导致反复试验登录浪费时间影响工作的问题。

二是系统兼容性差。目前在用的各类科研管理平台系统，往往要求 IE11 浏览器才能正常使用；然而基层科研院所行政办公人员的计算机更新换代较慢，仍存在近半数使用 Win7 系统难以安装 IE11 浏览器，常用浏览器如 360、FireFox、搜狗等无法登录平台或无法使用平台在线控件的情况。使用 Win10 系统计算机自带的 Edge 浏览器，或科研人员常用的谷歌 Chrome 浏览器也需要专门调整设置后才能登录平台系统，部分基层科研人员并不精通计算机操作，往往需要多次咨询设置方法或者到处借用可以登录的计算机，对科研活动的正常进行造成了一定影响。

1.3 信息化科研管理人才不足

科研管理本身就是一门跨科研专业、财务、管理学等的复合学科，而信息化科研管理更要求对信息技术学科的掌握。以某基层石油科研院所为例，其管理队伍基本由石油专业科研人员转职或兼职担任，缺少既懂信息技术又通科研管理的复合型人才。在实际工作层面，信息化科研管理岗位要求高待遇低，难以吸引高级人才入驻；而对在职科研管理人员的信息技术类培训较少，内容通常也过于专业化，非信息技术专业出身的科研管理人员缺少专业基础，学习起来事倍功半，素质提升困难。复合型专业人才的不足制约着基层科研院所信息化管理的发展。

2 基层科研管理信息化改善探索

2.1 科学规划顶层设计

科研管理信息化建设是一项长远而重要的系统性工程，需要综合考虑已有科研管理系统的建设现状与广大科研人员的实际需求，进行跨学科、跨部门、跨职能的"一站式服务"整合，科学规划顶层设计，集中资源建设，最终实现让科研人员"高效、便利、智慧"地开展科研工作的战略目标。

2.2 构建基层科研管理信息化系统

2.2.1 系统定位与功能需求分析

基层科研管理信息化系统由五大模块组成，在纵向上，是对接已有上级平台系统的基层内部管理系统，是管理末端的补充延伸；在横向上，是整合多平台系统数据的信息服务渠道，是打破信息壁垒、增强科研管理全生命周期掌控的有力助手。因此，基层科研管理信息化系统(图1)的建设要旨是"通"，功能要达到上下贯通、横向疏通；并注意对已有的信息上传类上级平台系统，例如成果管理、知识产权管理、档案管理等功能不再重复建设，直接对接上级平台系统接口调用数据实现查询统计功能，避免科研人员二次上传重复劳动。

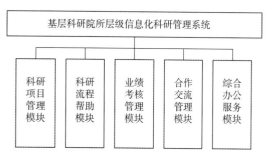

图1　基层科研管理信息化系统功能需求图

（1）科研项目管理模块。上级平台已有完整的科研项目管理系统、财务系统，但缺少基层科研院所层级的统计与整合功能，也缺少主动提醒功能。因此科研项目管理模块主要是基于从上级科研项目管理系统和财务系统中单独提取本单位承担的项目相关信息并进行横向整合贯通，纵向上追加所级管理信息和项目过程跟踪主动提醒功能，方便基层科研院所对承担项目统计管理。

（2）科研流程帮助模块。在实际业务流程操作中，科研管理面临项目繁杂情况多变的问题，即使流程已经集成在信息化系统中并给出了指导流程图，也常常会产生诸多细节问题。为了解决科研人员办事需要反复沟通询问，甚至连遇到问题该联系谁都不清楚的窘境，为了降低业务办理过程的主观不确定性，一个能够剖析问题实例、给出共性问题解决方案的帮助模块极其必要，且还需保持常态更新。

（3）业绩考核管理模块。上级平台系统中没有针对基层科研院所级内部人员的业绩考核管理部分。基层科研院所目前实行的所内科研人员业绩考核，基本是以个人多媒体进行汇报，不同级工程师作为评委进行多项目评分汇总的方式。线下文件多、数据量大易出错，所以自动汇总计算的线上业绩考核管理模块能够极大地节约科研人员的时间和精力，管理层也能更加轻松直观地把握科研人员业绩完成情况。

（4）合作交流管理模块。学术交流对提升科研水平有着重要的意义，是科研创新的一大助力；所以建立合作交流管理模块，除了应具有基本的辅助科研人员办理合作交流活动业务流程功能，更重要的是对交流成果可以整合共享功能，让多地办公、不能参加每一场交流的科研人员能够便利地开阔视野、共同提高。

（5）综合办公服务模块。综合办公管理是实现科研人员日常业务协同、调度内外部资源中不可或缺的重要一部分，将包括通知公告、用车管理、印章管理、考评调研、会议室管理等常用业务整合为综合办公服务模块。相较于传统的线下纸质化办公管理方法，对科研人员而言该模块使用更便捷，对管理人员来说信息共享更直观、调度更简单。特别是基层石油院所科研人员经常出差开会、到油田现场施工，对多地协同办公有硬性需求，实现线上综合办公服务可以减少线下往返手续，有效降低经费成本和时间成本，切实减轻科研人员负担。

2.2.2 系统设计与智能化展望

（1）在系统兼容性方面：采用前后端分离的开发模式，增强代码可维护性。前端采用国内主流的Vue.js渐进式框架开发，以适应项目的不确定性，可以随时根据需要进行后续开发[2]，满足科研管理业务快捷更改和业务模块扩展需要；且Vue.js框架能有效支持IE8以上的主流浏览器，Win7系统用户也可利用谷歌Chrome浏览器、Firefox、360极速浏览器等无障碍使用该系统。

（2）在系统易用性方面：针对用户登录难的痛点，采取除常规账号密码登录方式外，增设了手机号+验证码登录方式，支持PC端、移动端、平板端等多场景应用。并且根据基层科研院所岗位流动性强、人员构成复杂的特点，设置动态权限调整功能，灵活满足不同人群应用需要；系统提供界面定制化服务，用户可以根据需要自行调整常用功能模块，简化操作步骤(图2、图3)。

系统功能	普通人员	中间管理	上级管理	自定义
提交申请	√	√	√	...
录入信息	√	√	√	...
审批管理	×	分管权限内信息	全局信息	...
维护信息	个人信息	分管权限内信息	全局信息	...
查询功能	个人信息	分管权限内信息	全局信息	...
智能统计	个人信息	分管权限内信息	全局信息	...

图2 基层科研管理信息化系统模拟登录界面

图3 动态权限调整功能示意图

（3）在系统安全性方面：除去传统的边界网络安全(网络防火墙服务)以外，通过部署在单位内网进行集中安全管理、准入控制、多种加密算法处理数据[3]、完善权限控制等机制保障信息安全。

（4）在系统交互性方面：依托微信公众平台主动推送消息提醒，包括科研项目全生命周期每个时间节点的到期提醒和结余经费预警；用户申请状态、用户审核状态的变动等，便于科研人员及时掌握项目和业务动态，快速定位实施精准管理[4]。

（5）在系统数据采集方面：实现上级科研平台对接的信息直接调用数据库一键导入导出；需要科研人员手工录入的，通过设置标准化录入界面、字典维护、字段查重校验[5]等功能，由系统完成数据的完整性与正确性自动检查，有效减轻科研人员填报负担。

（6）在系统智能化服务方面：提供面向管理层的全局统计和面向个人用户的个人数据统计，形成智能化服务的可视化平台，关键指标一目了然，使监控统筹工作更加直观高效。期望在未来数据样本量足够多时，利用大数据系统建立科研评估模型[6]，为科研管理决策提供依据。

2.2.3 系统评估体系

信息化科研管理系统并非建成后就一劳永逸不再改动，不论是上级政策制度的变化调整，还是实际运行中存在流程运转不畅的情况，乃至于信息技术的突破，这些都要求定期对信息化科研管理系统运行情况进行评估。因此，建立一个可靠的评估体系是完善信息化科研管理不可或缺的一部分，在实际操作中可以通过监控用户登录率[7]、全流程完成时长、流程返工率等作为考核指标，对反馈不佳的系统部分持续调整完善，从而提升科研管理质量。

2.3 完善跨专业技术人才培养机制

一方面充分利用现有培训资源体系，根据岗位需求有针对性地提升科研人员信息技术素养，并提出人才培养鼓励机制，鼓励员工自主学习，提升素质水平。另一方面，促进与高校、企业等合作办学，培养信息技术和管理学的跨专业复合型技术人才。

3 结语

在深化"放管服"改革的新形势下，基层科研管理工作由过去的按通知行动，逐渐向组织策划转变。要适应这种由被动管理向主动服务的转变，科研管理信息化工作任重而道远。信息化不是将线下的工作照搬到线上就结束了，其价值绝不仅仅在于绿色低碳办公，更在于充分挖掘利用数据价值，提升科研管理效率，从而为科研人员创造良好的科研环境，更好地实现科技创新工作。

参考文献

[1] 习近平. 努力成为世界主要科学中心和创新高地[J]. 当代党员，2021(7)：3-6.

[2] 纪梦达，姜放，张亚球. 基于 Vue. js 框架的茶业信息管理平台的设计与开发[J]. 长春工程学院学报(自然科学版)，2020，21(4)：71-76，84.

[3] 刘志勇，何忠江，阮宜龙，等. 大数据安全特征与运营实践[J]. 电信科学，2021，37(5)：160-169.

[4] 陈孝明，姜晓虹，仲召明. 基于微信公众平台的科研管理信息系统设计[J]. 现代信息科技，2019，3(4)：73-75，78.

[5] 杨东，荣婕，杨帆，等. 科研成果管理数字化转型实践与探索：以中国计量科学研究院为例[J]. 中国科技资源导刊，2021，53(1)：33-40.

[6] 刘在洲. 大数据应用于高校科研评价的价值意蕴与适用构想[J]. 科技管理研究，2021，41(4)：109-116.

[7] 闵路. 油田企业管理制度化、制度流程化、流程信息化的探析[J]. 经贸实践，2018(11)：299-300.